学术研究专著·航空宇航工程

FUZA QILIU TIAOJIANXIA DE FEIXING FENGXIAN PINGGU

# 复杂气流条件下的飞行风险评估

薛　源　徐浩军　裴彬彬　等著

西北工业大学出版社

西安

【内容简介】 复杂气流条件下飞行风险的研究对于航空器的运行安全与乘客的乘坐舒适性均有重要的意义。在我国,随着民用航空业的迅速发展,空中交通流量越来越大,另外,由于低空管制的逐步开放与民用小型飞机的日益增多,航空器的复杂气流风险问题已经越来越突出。本书以航空器复杂气流条件下的飞行风险为研究对象,采用人-机-环境复杂系统仿真与风险评估方法相结合的手段,建立多因素情形下的人-机-环境复杂系统模型和不利因素数学模型,探讨基于多元极值 Copula 模型的风险评估方法。首先对复杂气流条件下人-机-环境系统行为特性进行建模仿真,其次构建适合复杂气流风险评估的多元极值 Copula 模型,在此基础上探索可视化的风险概率三维拓扑结构图,最后对复杂气流场内的飞行风险引导技术进行初步研究。

本书可供高等院校与科研院所中从事飞行安全理论研究的科研人员参考。

**图书在版编目(CIP)数据**

复杂气流条件下的飞行风险评估/薛源,徐浩军,
裴彬彬,等著. —西安:西北工业大学出版社,2018.1
ISBN 978 - 7 - 5612 - 5248 - 2

Ⅰ.①复…　Ⅱ.①薛…②徐　Ⅲ.①气流(气象)—
影响—飞行安全—安全评价　Ⅳ.①V328.1

中国版本图书馆 CIP 数据核字(2017)第 286745 号

策划编辑:雷　军
责任编辑:李阿盟

出版发行:西北工业大学出版社
通信地址:西安市友谊西路 127 号　　邮编:710072
电　话:(029)88493844　88491757
网　址:www. nwpup. com
印 刷 者:兴平市博闻印务有限公司
开　本:727 mm×960 mm　　1/16
印　张:12.125
字　数:227 千字
版　次:2018 年 1 月第 1 版　　2018 年 1 月第 1 次印刷
定　价:45.00 元

# 前　言

　　复杂气流条件下的飞行风险是航空器运行过程中面临的一个重要问题。目前,我国飞行风险评估的主要理论依据和技术路线是借鉴欧美的做法,对飞机安全性的系统研究还不够,其中飞行风险评估的基础理论和核心技术是一个还没有很好解决的"瓶颈"问题。特别是在复杂气流条件下的飞行风险概率评估方面,还存在着众多的基础理论问题没有得到有效解决,缺乏相关的评估理论与方法。这些问题严重制约着我国航空器运行过程中的安全性保障工作。

　　本书研究的航空器复杂气流条件下的动力学建模与飞行风险量化评估方法受到国家自然科学基金项目"复杂气流条件下基于多元极值 Copula 的飞行风险概率结构建模方法(61503406)"与"民用航空器近距尾流风险的量化评估与可视化建模方法(U1333131)"的支持。全书共分 8 章,具体内容安排如下:

　　绪论主要介绍复杂气流条件下飞行风险评估的意义与相关国内外研究现状。

　　飞行仿真建模的数学基础主要介绍飞行动力学建模中常用的基础数学知识,包括飞行仿真常用的坐标系及变换原理,四元数的概念、运算法则及坐标变换,插值算法,常微分方程的求解方法及飞机平衡状态的配平算法。

　　飞行动力学仿真模型的构建,主要讲解飞行动力学的基本内容,包括利用气动数据进行气动力与力矩建模、外部不规则风场对飞机气动力与力矩影响的建模、飞机的 6 自由度非线性模型的基本方程及线性化方法等。

　　复杂气流模型的构建方法,重点讲解有可能对飞行风险产生较大影响的几种复杂风场的建模方法,包括大气紊流模型、风切变与微下击暴流模型、尾流模型。

　　基于蒙特卡洛法仿真的飞行参数极值提取是基于复杂多因素耦合系统仿真理论与方法,构建复杂气流条件下的分布式人-机-环境实时仿真系统,提出基于蒙特卡洛法仿真提取飞行参数极值样本的方法与步骤。

　　一维飞行参数极值的概率分布特性研究对飞行参数极值样本进行了统计学分析,构建基于一维概率分布函数的目标模型,研究针对目标模型的辨识算法。

　　基于多元极值 Copula 的复杂气流风险定量评估结合多元极值理论提出一种量化评估飞行风险概率的新思路及新方法。

　　复杂气流飞行风险的可视化方法探索,根据之前章节提出的风险概率评估方法构建初始阶段、不稳定振荡阶段和环形阶段三种不同时期的二维及三维尾流风险概率结构图,初步实现尾流飞行风险概率的可视化。

　　全书从理论上提出一套基于建模仿真与多元 Copula 理论的复杂气流条件下

飞行风险定量评估方法,可为新型飞机系统安全性设计与现役航空器的飞行安全评估提供新的思路;从实践上可为风险规避技术的开发与应用提供参考,有助于提高航空器运行过程中的安全性水平。

　　本书由薛源统稿,徐浩军撰写了第1,2章,魏扬撰写了第3章,裴彬彬撰写了第4,6章,其余各章由薛源撰写。王国智、李哲、吕晗阳、王健名、王良禹、杨样鑫参加了本书的制图与校稿工作。本书的撰写得到了西北工业大学、空军工程大学和其他单位同行们的热情帮助,在此表示诚挚的感谢。

　　由于水平有限,书中难免有不足和疏漏之处,诚恳希望专家学者予以批评指正。

著　者

2017 年 10 月

# 目  录

# 第1章
# 绪　　论

## 1.1　复杂气流条件下飞行风险评估的意义

### 1.1.1　评估复杂气流遭遇情形下飞行风险的重要性

对于飞行风险的研究是航空器安全性和适航性工作的核心内容。近年来,全球航空业的飞行事故率虽然得到有效控制,飞行安全形势有所改观,但由于航空业的大幅增长,航空安全仍面临巨大挑战,形势不容乐观,尤其是 2014 年,虽然整体的飞行事故率不高,但飞行事故的伤亡人数却是自 2005 年以来最多的一年。外部复杂气流(微下击暴流、雷暴、离散突风、前机尾流等)因其较复杂的随机性和不确定性,容易引起驾驶员的耦合连锁反应,导致人-机-环境系统失去稳定性,从而引发飞行风险或导致飞行事故。如何评估复杂气流导致的飞行风险一直是一个难点。自从航空器出现以来,由于飞机内部部件失效、驾驶员操纵水平低等内在原因导致的飞行风险及飞行事故均可以被有效地解决以及避免,但复杂气流导致的飞行风险一直伴随着航空器的发展史,每年均有类似的飞行事故发生。根据 ICAO (International Civil Aviation Organization) 和 NTSB(National Transportation Safety Board)的飞行事故数据库,从 2002 年到 2014 年,每年由于复杂气流直接或间接引发的民用航空器飞行事故一直占同一年飞行事故总数的 15% 以上。尤其值得注意的是,在 2014 年由于复杂气流直接或间接导致的飞行事故呈现上升的趋势。例如:2014 年 7 月 23 日,台湾复兴航空的一架机号为 B - 22810 的 ATR 72 - 212A 客机由于台风导致的恶劣气流而坠毁,造成 48 人死亡;2014 年 7 月 24 日,阿尔及利亚航空 AH5017 次航班的 MD - 83 客机由于在低能见度下规避恶劣的雷暴气象条件而坠毁,造成 116 人死亡;2014 年 12 月 28 日,印尼亚洲航空 QZ8501 次航班的一架 A320 客机由于规避前方恶劣气象条件导致飞机失控坠海,造成了 162 人死亡。这三起重大飞行事故如图 1.1 所示。

惨痛的教训告诉我们:航空事业的发展不止步,对自然的敬畏与尊重就不能止步,对外部环境的探索就不能止步! 另外,小型飞机由于自身质量较轻,抗干扰能力差,更容易受到复杂气流的影响。随着低空管制的逐步开放与民用小型飞机的日益增多,可以预见由于遭遇复杂气流而导致的飞行风险会引起越来越多的重视。

| 台湾复兴航空（48人死亡） | 阿尔及利亚航空（116人死亡） | 印尼亚洲航空（162人死亡） |

图 1.1　2014 年由于复杂气流直接或间接导致的重大飞行事故

准确的飞行风险量化概率可以对飞机的安全性和适航性提供重要的参考设计指标,也可以为飞行过程提供风险规避手段与措施。但复杂气流条件下的多因素耦合特性与现有飞行风险评估方法的局限性,导致较难评估复杂气流中多因素共同作用下飞行风险的量化概率。多因素(驾驶员、飞机本体、复杂气流)共同作用下的飞行风险之所以具有较复杂的特性,一是由于其复杂的物理特性,这里所说的物理特性是指人员操纵、航空器运动、气流场中能用解析方法描述部分的特性,一般具有确定性的数学模型,其复杂性主要是指各部分中的非线性;二是复杂的随机特性,是指人-机-环境系统中不能用解析方法描述部分的特性,包括驾驶员个体操纵的差异、航空器故障的随机发生,以及复杂气流特征的不可预见性,等等,其复杂性主要指各部分的不确定性或随机性。而复杂气流条件下人、机、环境三大要素间的信息传递、处理、控制与反馈,构成了互相关联、制约、协同与互补的复杂系统,不仅表现在系统组成具有复杂的层次结构,还表现在系统中各子系统关联的复杂性。飞行事故的发生是具有因果关系的连续发生的事件链共同作用的结果,复杂气流条件下的每个环节都可能对飞行安全产生不利影响,使飞行过程逐步复杂化,最终导致飞行风险的发生。综上所述,评估复杂气流中多因素共同作用下飞行风险量化概率对于航空事业安全、高效的发展具有重要的意义,同时也具有一定的理论难度。

### 1.1.2　改进现有系统安全性分析方法的必要性

目前,在复杂气流条件下飞行风险发生概率的评估与预测方面尚缺乏相关的理论与方法,无法量化评估复杂气流场三维空间内每一个网格节点上的飞行风险概率。而此概率是一个重要的参考指标,对于飞机的适航性与飞行安全具有重要的意义,同时它也是构建复杂气流场内可视化飞行风险概率结构的前提条件。对于评估由于飞机内部硬件系统失效导致飞行事故概率,在 SAE ARP 4761[1],SAE ARP 4754A[2],MIL－HDBK－516B[3],MIL－STD－882E[4]等安全性规范与指南中有明确的思路及方法,但其大多是基于部件故障率的静态可靠性评估方法,此类方法在评估飞行过程中的飞行风险方面具有明显的局限性:一是考虑因素较少,不能全面地考虑到人-机-环境系统内各要素的耦合特性,对于引起飞行风险的连锁反应缺乏研究手段;二是由于此类方法基于确定性模型的静态故障率,故其不能反映复杂气流条件下较复杂的随机性与不确定性;三是不能基于航空器的飞行过程评估动态的飞行风险大小,对于由外部环境(尤其是在遭遇复杂气流的情况下)导致的飞行风险较难进行量化概率指标的评估预测。因此,迫切需要一种对复杂气流条件下的飞行风险进行量化评估的新方法来保障飞机的飞行安全。

另外,目前在学术界尚未见到构建复杂气流场内飞行风险概率结构的公开报道。而飞行风险概率结构的构建对于环境风险的可视化具有重要的意义。当前对飞行风险的可视化建模已经成为一个热点研究方向,美国国家航空航天局(National Aeronautics and Space Administration,NASA)、美国联邦航空管理局(Federal Aviation Administration,FAA)、国际民航组织(International Civil Aviation Organization,ICAO)等多家权威机构已经将环境风险可视化列为未来航空技术发展的重要方向之一。但目前仍然对复杂气流场三维空间内的飞行风险概率结构缺少有效的评估与建模方法。飞机上常用的多普勒气象雷达探测系统只能简单地标注出风场的强度与方向[5],飞行员只根据多普勒雷达信息来规划飞行轨迹极易产生误判[6],从而进入原本具有较高飞行风险的区域。例如:在低空飞行时,同样强度的上升气流和同样强度的下降气流对飞行风险发生概率的影响程度相差巨大。因此,多普勒雷达探测的风场对复杂气流场内的飞行风险预测与规避不具有指导意义。故有必要在对飞行风险进行量化评估的基础上构建可视化的风险概率结构,从而对复杂气流场中的风险引导与规避提供有效的参考。

复杂气流场内的飞行风险属于低频高危型事件,因此,如何利用有限的样本参数评估计算复杂气流导致的飞行风险概率是构建飞行风险概率结构首先要解决的问题。利用样本参数评估飞行风险概率首先需建立描述此样本分布的理论模型,判定风险发生所提取的极值样本分布一般具有厚尾特性,针对此种分布形式的描述目前较有效的方法为采用极值理论。但复杂气流场内的飞行风险量化评估牵扯到多元极值参数的相关性特征,一元极值理论的有关结论并不能平行推广到多元情形,因此需探索对三维以上的参数极值空间进行描述的方法。目前对二维及以上的参数空间进行评估较为有效的方法是构造参数间的相关性结构,例如支持向量机算法对多维空间的分类,其实质就是构造相关性核函数。书中使用 Copula 理论描述多元飞行参数极值间的相关结构。由于 Copula 理论是专为评估极值分布而提出的,故在对极值相关性的描述上,Copula 极值模型能较好地反映多元极值之间的联系和发展趋势,比其他方法具有较高的精度,较适合应用于飞行风险的量化评估中。

## 1.2  国内外研究现状分析

### 1.2.1  复杂气流条件下飞行仿真建模的国内外研究现状

当前,国内外对复杂气流的研究多为对其数学模型的研究以及气流场内的飞行动力学仿真计算。目前已经建立了较为成熟的、适合工程应用的多种复杂气流模型。美国军用标准 MIL-STD-1797B[7]对复杂气流中的大气紊流、风切变、离散突风的数学模型进行了概括,文献[8]利用数值仿真的手段构建了三维微下击暴流场,文献[9]利用涡环法构建微下击暴流场模型,文献[10]和[11]概括了工程中常用的尾流模型。

复杂气流场中的飞行仿真与动力学计算也一直是研究外部环境风险的方向,这方面近期内也有一些突出的研究成果出现。如,文献[12]对微下击暴流中的飞行轨迹进行了优化,文献[13]研究了飞机在复杂气流场中的飞行策略和飞行包线,文献[14]量化研究了飞机在大气紊流中的响应程度和状态变化大小,文献[15]对飞行器在侧风着陆时的飞行动力学仿真和飞行控制率设计进行了论述,文献[16]讨论了编队飞行时前机尾流对飞行状态的影响。

上述研究具有较高的学术价值,但直到目前为止,对于复杂气流中飞行风险的研究仍然集中在复杂气流的流场特性分析以及飞机在复杂气流中的运动状态仿真计算,鲜有定量评估复杂气流中飞行风险概率的工作,这主要是由于现有的安全性与适航性验证方法无法对恶劣外部环境下的飞行风险概率进行有效的定量评估。而复杂气流条件下的飞行风险评估也正是当前飞机安全性和适航性工作重点关注的内容,是完善和改进现有的飞行安全分析理论亟待解决的问题。Richardson 等人在文献[17]中就指出由于复杂气流间接引发的飞行风险极易导致飞行事故的发生,同时文献[17]还对复杂气流场中的飞行安全边界进行了初步研究;而文献[18]则讨论了复杂气流中的三维动态路线规划,并探讨了如何根据前方探测到的风场参数来协助飞行员的操纵;文献[19]总结了 23 项有关航空器安全飞行气象条件的研究工作,指出复杂气流场仍然是制约未来航空运行安全的重要因素之一。

同时,国内外大量研究表明,恶劣外部环境下的飞行风险通常不是由孤立、单一的人为失误、装备故障或恶劣环境因素引发的,而是由偶然的、耦合作用的不安全基元事件累积导致的。尤其是复杂气流场条件下飞行风险的发生一般都是多因素共同作用的结果[20-22]。对于多不利因素条件下的复杂飞行状态,飞机可能随机地进入一种反常的区域,使得安全裕度降低且恢复的机会同时变小,极易导致不可逆的"连锁反应",在这种情况下任何"人的操纵"都会变得不适当。笔者所在课题组近年来加强了对多因素耦合复杂系统建模仿真及风险评估方法的研究,取得了一些成果[23-24]。

### 1.2.2　飞行风险评估方法的国内外研究现状

对飞行风险研究的首要目标是对飞机的安全性运行提供保障,从这个意义上来说,对飞行风险的研究其实就是对飞行安全的研究。国外,尤其是美国、俄罗斯等航空强国在飞机风险分析方面已有相关的理论与方法。目前,工程应用中对飞行安全指标和飞行风险评估方法的研究大多参照美国及欧盟现有的规范与指南,如 SAE ARP 4761[1],SAE ARP 4754A[2],MIL‐HDBK‐516B[3],MIL‐STD‐882E[4],图 1.2 所示为 SAE ARP 4761 中飞机系统安全性分析的"V"字形程序。俄罗斯、乌克兰的飞机设计部门也较为重视飞机安全性设计中的建模仿真问题,其研究了针对飞机使用过程中的安全性仿真与风险量化评估的方法,建立了一套完整的理论与方法来保障飞机安全性的设计。俄罗斯在飞机进行风险科目试飞前,比较重视对安全性进行仿真推演,如作战飞机边界或极限条件的飞行、舰载飞机的着舰、系统故障后风险定量评估等。虽然国内外学术界对飞行安全与飞行风险评估理论与方法的研究较多,但大多数为定性的分析,定量分析则以静态的方法为主。例如:Mohaghegh 分析了系统动力学理论(System Dynamics,SD)、贝叶斯网络(Bayesian Belief Network,BBN)、事件图(Event Sequence Diagram,ESD)和故障树(Fault Tree,FT)在飞行风险管理中的应用情况,结合确定性方法和概率模型,提出了适用于航空维修工作的系统风险分析方法[25];Brooker 论述了贝叶斯网络、事件树、马尔科夫链、故障树等评估方法在飞行风险与飞行安全中的应用[26];Matthews 利用多元时间序列搜索算法对高维的飞行数据进行分析,从而及时发现影响飞行安全的异常事件[28];Ocampo 提出了一种小型飞机的线性损伤概率模型[29];Cortina 使用 SMART(Small Aircraft Risk Technology)软件分析了小飞机结构强度失效率与阵风载荷、地面压力、过载和飞行速度的关系,并在此基础上对飞行风险进行了评估[30];Balachandran 构建了基于马尔科夫转移状态链的飞行安全评估框架[31]。中国民航飞行学院的刘晓东教授,基于飞行参数记录器的飞行参数,结合专家知识对飞行安全的定量评价模型进行研究,定量分析了飞行参数超限与飞行安全之间关系,建立了评价可控飞行撞地和可控飞行撞地事故征候的相对风险评估框架[32]。国防科技大学周经纶、龚时雨教授和他们的研究团队对系统安全性分析的理论方法进行了大量研究,并提出了基于概率风险的系统安全性分析方法[33];中国飞行试验研究院的周自全阐述了飞行品质对飞行安全的影响[34]。

实际上,对于复杂环境条件下飞行风险的研究,传统的基于可靠性的系统安全性分析方法存在一定局限性,传统方法大多静态分析元件故障和人为失误,无法量化评估飞机飞行过程中的飞行风险,而大部分的飞行事故发生在动态的任务过程中。Arne 等人就指出了现有安全性分析方法在量化分析飞行风险及飞行安全时具有较大的局限性[35]。因此,国内外已开始对下一代的飞行风险评估技术进行研究。根据已经公布的研究论文与报告[36-37],NASA 已经开始研究下一代的系统安全及风险评估概念及技术,并对两种次世代自动化武器系统进行了安全评估;Battipede 介绍了一种利用飞行模拟器进行安全性分析的技术[38];Blum 则分析了蒙特卡洛法在航空安全分析中的应用[39];俄罗斯飞行安全专家 Ivan 和美国的 Daniel,Dimitri 等科学家开发了基于"虚拟样机、虚拟试验与评估(VP,VT&VE)"的飞机安全性评估软件"VATES",其中阐述了飞行风险区间的概念,核心理念如图 1.3 所示。Mendonça 介绍了基于建模仿真的飞行安全分析工作,讨论了在民用飞机的研制全周期内使用新一代飞行模拟仿真技术的可行性,证明了飞行模拟仿真已成为一种保障飞行安全工作的必要手段[40];Henry 基于蒙特卡洛法研究了飞机在起降过程中的相撞概率[41];Zeppetelli 利用 CFD 分析手段对结冰条件下的飞行风险进行了研究[42]。从上述文献中可以看出基于蒙特卡洛法与飞行建模仿真的飞行风险评估研究是当前新的热点方向。

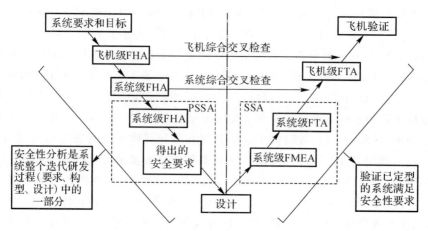

图 1.2　SAE ARP 4761 中飞机系统安全性分析的"V"字形程序

### 1.2.3　极值理论与 Copula 理论的研究现状

极值理论(Extreme Value Theory,EVT)[46-47]是可以用来研究极端事件的统计规律。经典的统计极值理论是关于随机变量序列最值渐进分布的理论,基于这一理论的方法就是对超越一定界限的数据建模。极值理论常用来研究低频高危事件(如地震、海啸、金融风险和飞行事故等),它同时是次序统计学的一个分支,可以研究随机样本中极值变量的统计学特征及其概率分布。利用极值理论能够有效地对随机变量中极值的尾部进行建模,用于描述样本数据序列分布的尾部特征,并基于相应的数学模型计算出具体的超限概率值,从而对具有低频高危特征的事件进行评估和预测。

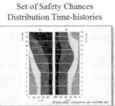

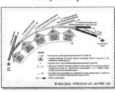
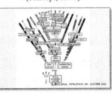
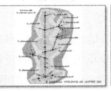
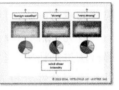

图 1.3 Ivan Burdun 提出的风险评估方法核心理念

而 Copula 理论[48]则是为解决一元极值理论描述多元变量相关结构时所具有的局限性而提出的,故在对多元极值相关性的描述上,Copula 极值分布模型能较好地反映极值参数之间的联系和发展趋势。Copula 在拉丁文中指链接多个事物的介质,在数学范畴内,Copula 是指多元随机变量的一维边缘分布与其联合分布之间的相关性函数。目前对于 Copula 理论的研究与应用在国内外是一个热点方向。文献[49]讨论了基于阿基米德 Copula 函数的多元分布建模和预测方法;文献[50]利用 T - Copula 分析了 G7 国家的债券收益率;文献[51]指出 Copula 函数已经得到了迅速发展,提出了利用加权平均分位数回归估计 Copula 函数的方法,并应用到金融市场的相关性分析中;文献[52]基于 Copula 模型对城市排水系统的溢流和洪水因素进行了频率分析;文献[53]利用 Copula 函数模拟股票收益和石油价格之间的依赖关系,指出油价和股票指数之间的相关性较弱;文献[54]利用 Copula 理论分析了石油收益率之间的相关性结构,分析了收益率的边缘聚集特性;文献[55]利用 Copula 模型分析了两车相撞情况下驾驶员的受伤程度;文献[56]利用阿基米德 Copula 基于蒙特卡洛法对海上风暴的多个指标进行了仿真分析;文献[57]基于 Copula 理论评估了水位和波浪的联合分布概率;文献[58]提出了一种时间自适应 Copula 函数来对风场强度的概率进行预测;文献[59]将阿基米德 Copula 应用到可靠性工程中,对组件的寿命进行了联合分布估计;文献[60]将 Copula 模型结合到动态条件相关矩阵中去,基于时变 Copula 模型和极值理论预测了金融市场中的最大风险值;文献[61]利用卫星 PERSIANN 和 TMPA - 3B42 的观测数据基于 Copula 函数分析了降雨过程的不确定性。笔者也对二元 Copula

模型进行了一些研究[62-64]，取得了一些成果。

### 1.2.4 国内外研究现状总结

通过上述对国内外研究现状的分析，总结当前在飞行风险评估方面的进展与重要方向有：①复杂外部环境条件下的飞行风险问题日益引起重视，环境风险可视化成为重要方向；②蒙特卡洛法在飞行风险评估中的应用逐渐增多，基于建模仿真的风险评估方法是一个热点方向；③多元极值理论与 Copula 模型的发展迅速，已成为研究极值相关性结构和分析多因素影响下风险程度的热点理论与重要方向。但当前的理论与方法在量化评估复杂环境条件下的飞行风险方面还存在不少的局限性和亟待解决的问题。

首先，多因素复杂情形诱发飞行事故涉及复杂系统的崩溃机理，难以用传统的解析法进行研究，且涉及边界状态的飞行，飞行试验实施难度大。基于可靠性的飞机系统安全性分析方法存在无法动态分析事故演化过程的局限性，尤其是缺乏对多因素耦合复杂情形的考虑。因此，从动态建模仿真的角度研究多因素耦合复杂情形的飞行风险问题具有重要的理论意义和应用价值。

其次，直到目前为止，国内外对于复杂环境的研究仍然集中在复杂环境的流场特性分析以及飞机在复杂环境中的动力学仿真计算。由于还存在着众多的基础理论问题没有得到有效解决，目前鲜有定量评估复杂外部环境中飞行风险概率的工作。这些问题严重制约着航空装备和航空技术的快速发展。而复杂环境条件下的飞行风险评估也正是当前飞机安全性和适航性工作重点关注的内容，是完善和改进现有的飞行安全分析理论亟待解决的问题。

再次，虽然 Copula 理论是解决有关多元极值问题的研究热点，在金融、灾害预警和信号处理等方面均有应用。但尚未见到将这一有效的理论应用到飞行风险评估中的公开报道。由于书中评估飞行风险需研究多元飞行参数极值的尾部相关性，故较适合将多元极值 Copula 模型应用到其中。但利用多元极值 Copula 理论研究飞行参数极值的分布问题时需要构建 Copula 模型，而现有广义的 Copula 模型无法完整合理地描述复杂环境下各飞行参数极值间的相关性，因此构建新的适合复杂外部环境条件下飞行参数极值相关性结构的多元极值 Copula 模型成为本书的特色之一。

在此背景下，本书采用人-机-环境复杂系统蒙特卡洛法仿真实验与系统安全性分析相结合的手段，探索基于多元极值 Copula 模型的飞行风险概率量化评估与预测方法，在有效解决一元极值模型局限性的基础上利用多元极值分布求得复杂外部环境空间中的飞行风险概率；而后，根据整个气流场内的风险分布情况构建二维及三维的飞行风险概率结构图，从而实现复杂外部环境中的飞行风险可视化。书中的思路及方法不仅局限于复杂环境条件下飞行风险的定量评估，亦可对其他内外部环境因素影响下的飞行风险概率评估提供参考,比如危险科目下的试飞风险、飞机软件或硬件故障下的飞行风险等。

书中的飞行风险概率评估方法是对现有各类飞行安全规范中风险评估理论的有效补充,对于飞行安全与适航性管理具有积极的作用。所探索的飞行风险概率结构可为复杂外部环境下飞行风险的指示与规避提供参考。书中理论与方法不仅对于飞行风险定量评估方法的发展具有一定的理论参考价值,对于风险可视化技术亦具有一定的工程应用价值。

# 第2章
# 飞行仿真建模的数学基础

## 2.1 概　　述

飞行仿真是系统仿真的重要分支,也是应用最早、最广泛的重要分支。飞行仿真可用于飞机动力学特性分析,飞机操纵性和稳定性、控制系统控制算法研究,航空电子系统软、硬件结构组成与功能研究,飞机应急或故障情况下仿真模拟,以及对空勤人员的培训。飞行仿真是以飞行器(包括飞机、导弹、火箭等,本书主要以飞机为研究对象)的运行状况为研究对象、面向复杂系统的仿真。在计算机发明之前,飞行仿真主要是利用飞行器实物或者模型来进行研究的,称为物理仿真。物理仿真形象直观,可信度高,但试验对象易损坏,一般很难重复使用。现代飞行仿真主要依靠计算机来实现。它首先根据飞行器运动学、空气动力学及飞行控制原理等有关理论建立相关的数学模型,然后按照模型编写程序,在计算机上进行仿真计算与分析研究,如图 2.1 所示。

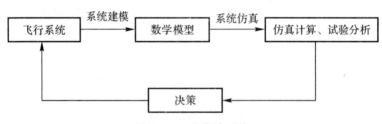

图 2.1　飞行仿真系统

飞行仿真可以分为离线仿真、半实物仿真及人在回路仿真(在线仿真)三大类。离线仿真相当于传统观念的数值计算,例如,现已高度发展的计算流体动力学等。离线仿真多数用于科学研究,追求仿真结果的精确性,不要求实时性,因此一般都采用比较复杂、比较精确的数学模型;半实物仿真由于系统中含有部分实物设备,为满足实物部分正常响应的要求,一般都是实时仿真。人在回路的仿真,则可能包含部分"超实时"环节。而系统仿真数学模型的构建是实现系统仿真的关键。下面主要介绍飞行仿真过程中常用到的数学基础知识。

# 2.2 飞行仿真系统数学模型

数学模型是对客观世界真实系统的一种抽象,具有与真实系统相似的数学描述或者物理属性,正确建立起来的数学模型能够从本质上深刻地反映系统实体的基本特征和运动规律。数学模型的描述方式是多种多样的,主要包括概念模型和正规模型两种。有关系统的文字描述、图和表格都可以看作是概念模型,概念模型易于理解和建立,但不能直接用于仿真计算。正规模型是用数学方程式的形式来描述系统的,根据研究目的、研究手段和系统的不同特点,可分别选择代数方程、微分方程、差分方程、状态方程和传递函数等。为适于在计算机上进行仿真计算,还要在数学模型的基础上建立仿真模型,同时规定仿真的方式、算法和速度精度要求等,再采用某种程序语言编制成计算机软件。一般在完成一系列的数字仿真以后,将仿真结果和试验数据比较,对数学模型和仿真模型进行校核和验证。

## 2.2.1 飞行仿真系统数学模型构成

飞行仿真系统的数学模型主要由以下几个部分构成。

### 1. 飞行动力学模型

飞行动力学模型属于高阶多变量非线性时变系统,描述飞机在空间做有控运动的动力学规律,一般采用六自由度非线性全量运动方程,包括三个飞机质心运动方程和三个绕飞机质心的刚体转动方程,气动弹性的影响可以采用在运行方程中增加弹性自由度加以考虑,也可以用"修正系数"法在气动系数中计入,方程形式保持不变,这样处理起来比较简单。

### 2. 飞机内部各系统的仿真模型

飞机作为一个大系统,还包括发动机系统、操纵系统、自动飞行控制系统、导航系统、仪表系统、液压系统、燃油系统和电源系统等,这类系统具有各种逻辑控制,各个分系统动态响应特性差异很大,并且直接与各种开关和显示设备连接。在飞行仿真中,根据仿真任务和目标的要求,可以只考虑部分系统的仿真模型,其他不予考虑。

### 3. 飞行环境仿真模型

该模型包括大气环境(气温、气压、阵风、紊流等)模型、地理环境(地形、地貌)模型和多机仿真中的演练战法模型等。

应该指出的是,仿真模型往往不具有唯一性,这是因为人们对问题描述的逻辑思维、繁简程度以及模型结构等都可能存在差异,建成的仿真模型会迥然不同,但是它们的运行结果却又可能比较相近或者均能满足仿真目标的基本要求。

### 2.2.2 飞行仿真系统数学模型验证

飞行仿真模型是一个复杂的大系统,只有保证了建模与仿真的正确性和置信度,其仿真结果才有实际意义。如今计算机技术的发展,为建立正确、可信的模型提供了条件。按照现代建模与仿真系统的开发要求,应采用 VVA(Verification, Validation, Accreditation)的模式,即模型的校核、验证与确认应贯穿在建模与仿真系统开发、应用和完善的全过程,包括方案论证、设计、分析、运行、维护和训练等各个阶段。

验模与建模应同步进行,VVA 应实现自动化与规范化。若采用人工测试则通过接口由人工输入操纵信号,若自动测试由自测试软件生成驱动信号,飞行仿真模型运转后得到的有关性能参数与性能测试比较基准数据进行比较,比较基准可以是试飞数据、实验数据或设计技术指标参数,比较结果用性能规范标准给定的允许误差进行评估并得到评估结论。若某些性能不满足规范要求可返回进行模型修正或参数调整,直到达到要求为止。

# 2.3 飞行动力学建模中的坐标系

在飞行仿真建模中,坐标系的概念非常重要,是飞行参数分析与飞行动力学建模的基础。坐标系之间的关系也十分重要,下文将介绍如何准确地表示各坐标系的角度关系,如何表示一个矢量在不同坐标系中的分量列阵之间的关系,也就是坐标变换。

### 2.3.1 坐标系的基本概念

#### 1. 基底、坐标

**定义 1**  如果 $n$ 维线性空间的矢量 $e_1, e_2, \cdots, e_n$ 线性无关,则它们构成一个基底。$e_1, e_2, \cdots, e_n$ 叫作基底矢量。

如果矢量 $e_1, e_2, \cdots, e_n$ 在 $n$ 维线性空间构成一个基底,那么 $n$ 维线性空间中的任何矢量 $x$ 均可表示为基底矢量的线性组合:

$$x = x_1 e_1 + x_2 e_2 + \cdots + x_n e_n \tag{2.1}$$

线性组合系数 $(x_1, x_2, \cdots, x_n)$ 称为矢量 $x$ 相对所选基底的坐标。

#### 2. 标准正交基底

**定义 2**  任何 $n$ 维线性空间中存在一些由 $n$ 个相互正交的单位矢量 $e_1, e_2, \cdots,$

$e_n$ 组成的基底,即满足如下条件:

$$\langle e_i, e_j \rangle = |e_i| \cos(e_i, e_j) = e_i \cdot e_j = \begin{cases} 1, & i=j \\ 0, & i \neq j \end{cases} \quad (2.2)$$

则此基底称为标准正交基底。

它们的形式如下:

$$\left. \begin{aligned} e_1 &= \begin{bmatrix} 1 & 0 & 0 & \cdots & 0 \end{bmatrix} \\ e_2 &= \begin{bmatrix} 0 & 1 & 0 & \cdots & 0 \end{bmatrix} \\ &\cdots\cdots \\ e_n &= \begin{bmatrix} 0 & 0 & 0 & \cdots & 1 \end{bmatrix} \end{aligned} \right\} \quad (2.3)$$

若取标准正交基底矢量组 $e_1, e_2, \cdots, e_n$ 作为基底,则式(2.1)中的 $x_1, x_2, \cdots x_n$ 就是矢量 $x$ 在基底 $e_1, e_2, \cdots, e_n$ 中的坐标。取纯量积,得到

$$\left. \begin{aligned} \langle x, e_1 \rangle &= x_1 \\ \langle x, e_2 \rangle &= x_2 \\ &\cdots\cdots \\ \langle x, e_n \rangle &= x_n \end{aligned} \right\} \quad (2.4)$$

即在标准正交基底中,矢量 $x$ 的坐标是它在基底矢量上的投影。如果 $x$ 是单位矢量,则由方向余弦的定义知:

$$\left. \begin{aligned} \cos(\bar{x}, e_1) &= \frac{\langle \bar{x}, e_1 \rangle}{|\bar{x}||e_1|} = \langle \bar{x}, e_1 \rangle \\ \cos(\bar{x}, e_2) &= \frac{\langle \bar{x}, e_2 \rangle}{|\bar{x}||e_2|} = \langle \bar{x}, e_2 \rangle \\ &\cdots\cdots \\ \cos(\bar{x}, e_n) &= \frac{\langle \bar{x}, e_n \rangle}{|\bar{x}||e_n|} = \langle \bar{x}, e_n \rangle \end{aligned} \right\} \quad (2.5)$$

故单位矢量 $\bar{x}$ 在基底矢量 $e_1, e_2, \cdots, e_n$ 上的投影就是单位矢量 $\bar{x}$ 与各基底矢量之间的夹角的方向余弦。

### 2.3.2　大气飞行力学中的常用坐标系

本书所研究的对象主要是在地球大气层内运动的飞行器,例如飞机或各种战术导弹。忽略地球曲率和地球旋转对飞行器运动的影响,即假设符合"平面大地"条件。

在大气中运动的飞行器,一般要受到重力、空气动力和推力等外力的作用。为了建立飞行器运动方程,需要建立若干坐标系,利用这些坐标系就可以用最简单的形式写出每一个力的投影。例如,重力通常在地面坐标系中描述,推力在机体坐标系中描述,而空气动力则在速度坐标系中给出。

本书讨论的所有坐标系均定义为右手直角坐标系。

**1. 地面坐标系 $O_g x_g y_g z_g$**

地面坐标系是固定在地球表面的一种坐标系。原点 $O_g$ 位于地面任意选定的某固定点(通常为飞机起飞点);$O_g x_g$ 轴指向地平面某任意选定方向;$O_g z_g$ 轴铅垂向下;$O_g y_g$ 轴垂直 $O_g x_g z_g$ 平面,按右手定则确定。忽略地球自转和地球质心的曲线运动,该坐标系可看成惯性坐标系。书中飞机的位置和姿态以及速度、加速度等是基于此坐标系给出的。

**2. 机体坐标 $O x_b y_b z_b$**

机体坐标系固定于飞机质心并随飞机同时运动,它是一种动坐标系。此坐标系最常用,故常简化为 $Oxyz$ 表示。其原点位于飞机的质心。$O x_b$ 轴在飞机对称平面内,平行于机身轴线或机翼的平均气动弦线,指向前;$O z_b$ 轴亦在对称平面内,垂直于 $O x_b$ 轴,指向下;$O y_b$ 轴垂直于对称平面,指向右。气动力矩的3个分量(即滚转力矩 $\bar{L}$、偏航力矩 $\bar{N}$ 和俯仰力矩 $\bar{M}$)是基于机体坐标系给出的。

如果 $O x_b$ 轴取沿飞行速度 $V$ 在对称平面的投影方向;$O z_b$ 轴仍在对称面内,垂直 $O x_b$ 指向下;$O y_b$ 垂直于对称平面,指向右,则这种机体轴系又被称为半机体轴系。在风洞实验中测量气动力时,常用该坐标系。

如果 $O x_b$ 轴取沿基准运动(未扰动运动)飞行速度 $V$ 在对称平面的投影方向;$O z_b$ 轴仍在对称平面内,垂直 $O x_b$ 指向下;$O y_b$ 轴垂直于对称平面,指向右,则这种在扰动运动中固定于飞机的坐标系又被称为稳定坐标系,可用 $O x_s y_s z_s$ 表示。

**3. 速度坐标系 $O x_a y_a z_a$**

速度坐标系又被称为气流坐标系或风轴系。它的原点 $O$ 位于飞行器质心,$O x_a$ 轴始终指向飞行器的空速方向;$O z_a$ 轴位于对称平面内,垂直于 $O x_a$ 轴,指向下;$O y_a$ 轴垂直于 $O x_a z_a$ 平面,指向右。气动力的三个分量,即升力 $L$、阻力 $D$ 和侧力 $Y$ 定义在此坐标系上。

**4. 航迹坐标系 $O x_k y_k z_k$**

航迹坐标系的原点 $O$ 位于飞行器质心。$O x_k$ 轴始终指向飞行器的地速方向;$O z_k$ 轴则位于包含 $O x_k$ 轴的铅垂平面内,垂直于 $O x_k$ 轴,指向下;$O y_k$ 轴垂直于 $O x_k z_k$ 平面,指向右。

由定义可知,航迹坐标系的 $O x_k$ 轴与气流坐标系的 $O x_a$ 轴,当风速 $V_w \neq 0$ 时,两者的方向是不同的;只有当风速 $V_w = 0$ 时,两者的方向才一致。

以上四种坐标系中,只有地面坐标系是固定于地面不动的,其他三种坐标系随飞行器一起运动,统称为动坐标系。

### 2.3.3　坐标系的变换原理和方法

#### 1. 正交矩阵

在研究飞行力学的实际问题中,尤其是在坐标变换中,正交矩阵占有特殊的地位。它被广泛地应用于矢量从一个标准正交基底变换到另一个标准正交基底。

**定义3**　若方阵 $A$ 的行构成标准正交矢量组,即矩阵满足如下等式:

$$A \cdot A^{\mathrm{T}} = A^{\mathrm{T}} \cdot A = E \tag{2.6}$$

式中　$E$ 为单位矩阵,则矩阵 $A$ 称为正交矩阵。

#### 2. 基底的变换

考虑 $n$ 维线性空间的两个正交基底 $e_1, e_2, \cdots, e_n$ 和 $e'_1, e'_2, \cdots, e'_n$,前一个称原基底,后一个称新基底。如果新基底矢量通过原基底矢量来表示,则新基底矢量表示为原基底矢量的线性组合。即

$$\left. \begin{aligned} e'_1 &= a_{11}e_1 + a_{12}e_2 + \cdots + a_{1n}e_n \\ e'_2 &= a_{21}e_1 + a_{22}e_2 + \cdots + a_{2n}e_n \\ &\cdots\cdots \\ e'_n &= a_{n1}e_1 + a_{n2}e_2 + \cdots + a_{nn}e_n \end{aligned} \right\} \tag{2.7}$$

若以矩阵形式表示,则

$$\begin{bmatrix} e'_1 & e'_2 & \cdots & e'_n \end{bmatrix}^{\mathrm{T}} = L \begin{bmatrix} e_1 & e_2 & \cdots & e_n \end{bmatrix}^{\mathrm{T}} \tag{2.8}$$

式中

$$L = \begin{bmatrix} a_{11} & a_{12} & \cdots & a_{1n} \\ a_{21} & a_{22} & \cdots & a_{2n} \\ \vdots & \vdots & & \vdots \\ a_{n1} & a_{n2} & \cdots & a_{nn} \end{bmatrix} \tag{2.9}$$

叫作基底变换矩阵,是正交矩阵。如果矢量 $x$ 在新、旧两基底中的坐标分别为 $\begin{bmatrix} x'_1 & x'_2 & \cdots & x'_n \end{bmatrix}$ 和 $\begin{bmatrix} x_1 & x_2 & \cdots & x_n \end{bmatrix}$,则

$$\begin{bmatrix} x'_1 & x'_2 & \cdots & x'_n \end{bmatrix}^{\mathrm{T}} = L \begin{bmatrix} x_1 & x_2 & \cdots & x_n \end{bmatrix}^{\mathrm{T}} \tag{2.10}$$

或

$$\begin{bmatrix} x_1 & x_2 & \cdots & x_n \end{bmatrix}^{\mathrm{T}} = L^{\mathrm{T}} \begin{bmatrix} x'_1 & x'_2 & \cdots & x'_n \end{bmatrix}^{\mathrm{T}} \tag{2.11}$$

式(2.10)和式(2.11)叫作基底矢量 $e_1, e_2, \cdots, e_n$ 和 $e'_1, e'_2, \cdots, e'_n$ 之间的坐标变换公式。

由此可见,为了求得矢量在新坐标系中的坐标,只要用原始列矢量乘以变换矩阵即可。

求变换矩阵的方法取决于所研究坐标的相互位置的给定方法。本章将研究两种在实际问题中最广泛应用的给定坐标系相互位置的方法。

### 3. 坐标变换矩阵建立方法

所介绍的求变换矩阵的方法必须预先知道新坐标系的每一基底矢量在原始坐标系轴上的投影；或者相反，预先知道原始坐标系的每个基底矢量在新坐标系轴上的投影。

设给定 $n$ 维矢量

$$\boldsymbol{x} = \begin{bmatrix} x_1 & x_2 & \cdots & x_n \end{bmatrix} \tag{2.12}$$

在标准正交基底

$$\left.\begin{aligned} \boldsymbol{i}_1 &= \begin{bmatrix} 1,0,0,\cdots,0 \end{bmatrix} \\ \boldsymbol{i}_2 &= \begin{bmatrix} 0,1,0,\cdots,0 \end{bmatrix} \\ &\cdots\cdots \\ \boldsymbol{i}_n &= \begin{bmatrix} 0,0,0,\cdots,1 \end{bmatrix} \end{aligned}\right\} \tag{2.13}$$

矢量 $\boldsymbol{x}$ 的坐标为

$$\left.\begin{aligned} \langle \boldsymbol{x}, i_1 \rangle &= x_1 \\ \langle \boldsymbol{x}, i_2 \rangle &= x_2 \\ &\cdots\cdots \\ \langle \boldsymbol{x}, i_n \rangle &= x_n \end{aligned}\right\} \tag{2.14}$$

因此，矢量 $\boldsymbol{x}$ 可表示为

$$\boldsymbol{x} = x_1 \boldsymbol{i}_1 + x_2 \boldsymbol{i}_2 + \cdots + x_n \boldsymbol{i}_n \tag{2.15}$$

式中　$i_1, i_2, \cdots, i_n$ 为原始坐标系的标准正交基底矢量组(式(2.13))。

若新坐标系的标准正交基底矢量组为

$$\left.\begin{aligned} \boldsymbol{e}_1 &= \begin{bmatrix} e_{11} & e_{12} & \cdots & e_{1n} \end{bmatrix} \\ \boldsymbol{e}_2 &= \begin{bmatrix} e_{21} & e_{22} & \cdots & e_{2n} \end{bmatrix} \\ &\cdots\cdots \\ \boldsymbol{e}_n &= \begin{bmatrix} e_{n1} & e_{n2} & \cdots & e_{nn} \end{bmatrix} \end{aligned}\right\} \tag{2.16}$$

则为了确定矢量 $\boldsymbol{x}$ 在新坐标系中的坐标，必须求出此矢量在新坐标系轴上的投影

$$\boldsymbol{x}^{(e)} = \begin{bmatrix} \langle \boldsymbol{e}_1, \boldsymbol{x} \rangle \\ \langle \boldsymbol{e}_2, \boldsymbol{x} \rangle \\ \vdots \\ \langle \boldsymbol{e}_n, \boldsymbol{x} \rangle \end{bmatrix} \tag{2.17}$$

可以把式(2.17)右端表示为矩阵与列矢量的乘积

$$x^{(e)} = \begin{bmatrix} \cdots & e_1 & \cdots \\ \cdots & e_2 & \cdots \\ & \vdots & \\ \cdots & e_n & \cdots \end{bmatrix} x = L_{(0)}^{(e)} x \qquad (2.18)$$

其中矩阵：

$$L_{(0)}^{(e)} = \begin{bmatrix} e_{11} & e_{12} & \cdots & e_{1n} \\ e_{21} & e_{22} & \cdots & e_{2n} \\ \vdots & \vdots & & \vdots \\ e_{n1} & e_{n2} & \cdots & e_{nn} \end{bmatrix} \qquad (2.19)$$

转换矩阵 $L_{(0)}^{(e)}$ 为正交矩阵，通过它把给定在具有基底 $i_1, i_2, \cdots, i_n$ 的原始坐标系中的列矢量转换到具有基底 $e_1, e_2, \cdots, e_n$ 的新坐标系。由于

$$\left[ L_{(0)}^{(e)} \right]^{-1} = \left[ L_{(0)}^{(e)} \right]^{\mathrm{T}} \qquad (2.20)$$

故由式(2.18)得

$$x = \left[ L_{(0)}^{(e)} \right]^{\mathrm{T}} x^{(e)} \qquad (2.21)$$

从等式(2.22)可见，当把列矢量的坐标从具有基底 $e_1, e_2, \cdots, e_n$ 的坐标系变换到原始坐标系时，矩阵 $\left[ L_{(0)}^{(e)} \right]^{\mathrm{T}}$ 就是 $L_{(0)}^{(e)}$ 的转置矩阵。

$$\left[ L_{(0)}^{(e)} \right]^{\mathrm{T}} = \begin{bmatrix} \vdots & \vdots & & \vdots \\ e_1 & e_2 & \cdots & e_n \\ \vdots & \vdots & & \vdots \end{bmatrix} \qquad (2.22)$$

因此，从原始坐标系到新坐标系的转换矩阵 $L_{(0)}^{(e)}$ 和从新坐标系到原始坐标系的转换矩阵 $L_{(e)}^{(0)}$ 彼此互为转置。即

$$\left. \begin{array}{l} L_{(e)}^{(0)} = \left[ L_{(0)}^{(e)} \right]^{\mathrm{T}} \\ L_{(0)}^{(e)} = \left[ L_{(e)}^{(0)} \right]^{\mathrm{T}} \end{array} \right\} \qquad (2.23)$$

若将式(2.18)和式(2.21)进行转置，得到变换行矢量的矩阵公式：

$$\left. \begin{array}{l} \left[ x^{(e)} \right]^{\mathrm{T}} = \left[ x \right]^{\mathrm{T}} \left[ L_{(0)}^{(e)} \right]^{\mathrm{T}} \\ \left[ x \right]^{\mathrm{T}} = \left[ x^{(e)} \right]^{\mathrm{T}} \left[ L_{(e)}^{(0)} \right]^{\mathrm{T}} \end{array} \right\} \qquad (2.24)$$

但是，下文所经常应用的是变换列矢量的转换矩阵式(2.18)和式(2.21)。应该指出，在基底 $i_1, i_2, \cdots, i_n$ 中单位矢量 $e_1, e_2, \cdots, e_n$ 的坐标是一些纯量积

$$e_{kl} = \langle e_k, i_l \rangle \qquad (2.25)$$

因此，转换矩阵的元素总可以表示为原始坐标系与新坐标系相应轴之间角度的余弦。

设给定若干个坐标系，它们各自的基底矢量为

$$\left.\begin{array}{l}\boldsymbol{e}_1^{(1)},\boldsymbol{e}_2^{(1)},\cdots,\boldsymbol{e}_n^{(1)}\\\boldsymbol{e}_1^{(2)},\boldsymbol{e}_2^{(2)},\cdots,\boldsymbol{e}_n^{(2)}\\\cdots\cdots\\\boldsymbol{e}_1^{(k)},\boldsymbol{e}_2^{(k)},\cdots,\boldsymbol{e}_n^{(k)}\end{array}\right\} \tag{2.26}$$

则坐标系间的转换矩阵如下：

$\boldsymbol{L}_{(1)}^{(2)}$—— 从第一个坐标系变换到第二个坐标系；

$\boldsymbol{L}_{(2)}^{(3)}$—— 从第二个坐标系变换到第三个坐标系；

······

$\boldsymbol{L}_{(k-1)}^{(k)}$—— 第$(k-1)$个坐标系变换到第$k$个坐标系。

则从第一个坐标系到第$k$个坐标系的转换矩阵可由上述这些矩阵的乘积求得

$$\boldsymbol{L}_{(1)}^{(k)}=\boldsymbol{L}_{(k-1)}^{(k)}\cdots\boldsymbol{L}_{(2)}^{(3)}\boldsymbol{L}_{(1)}^{(2)} \tag{2.27}$$

于是，矢量$\boldsymbol{x}^{(1)}$在第$k$个坐标系中的坐标可以通过从第1个坐标系到第$k$个坐标系连续变换它的坐标来确定：

$$\left.\begin{array}{l}\boldsymbol{x}^{(2)}=\boldsymbol{L}_{(1)}^{(2)}\boldsymbol{x}^{(1)}\\\boldsymbol{x}^{(3)}=\boldsymbol{L}_{(2)}^{(3)}\boldsymbol{x}^{(2)}=\boldsymbol{L}_{(2)}^{(3)}\boldsymbol{L}_{(1)}^{(2)}\boldsymbol{x}^{(1)}\\\cdots\cdots\\\boldsymbol{x}^{(k)}=\boldsymbol{L}_{(k-1)}^{(k)}\boldsymbol{x}^{(k-1)}=\boldsymbol{L}_{(k-1)}^{(k)}\cdots\boldsymbol{L}_{(2)}^{(3)}\boldsymbol{L}_{(1)}^{(2)}\boldsymbol{x}^{(1)}\end{array}\right\} \tag{2.28}$$

## 2.4　飞行动力学建模中的四元数

四元数的概念起源于19世纪40年代,哈密顿(Hamilton)仿照平面问题用复数理论来研究空间矢量,建立了四元数代数。20世纪中期,由于现代控制理论、计算机科学、航空航天以及机器人工业等科学技术的迅速发展,四元数法又重新被重视,并在一定范围内得到了较为广泛的实际应用。

### 2.4.1　四元数的定义及其性质

所谓四元数法,实际上就是具有四个实元的超复数,其中,一个为实数单位,三个为虚数单位,假设为$\boldsymbol{i},\boldsymbol{j},\boldsymbol{k}$。解析表达式为

$$\boldsymbol{Q}=q_0+q_1\boldsymbol{i}+q_2\boldsymbol{j}+q_3\boldsymbol{k} \tag{2.29}$$

式中　$q_0$为四元数的实数部分;$\boldsymbol{q}=q_1\boldsymbol{i}+q_2\boldsymbol{j}+q_3\boldsymbol{k},q_1,q_2,q_3$为实数。由此可见,如果$q_1=q_2=q_3=0$,则四元数退化为实数;如果$q_2=q_3=0$,则四元数退化为复数。因此,四元数也称为超复数。$\boldsymbol{i},\boldsymbol{j},\boldsymbol{k}$遵循下列的乘法规则(以小圆圈"。"来表示四元数乘法):

$$\boldsymbol{i}\circ\boldsymbol{i}=-1,\quad\boldsymbol{j}\circ\boldsymbol{j}=-1,\quad\boldsymbol{k}\circ\boldsymbol{k}=-1 \tag{2.30}$$

$$\left.\begin{array}{l} i \circ j = -j \circ i = k \\ j \circ k = -k \circ j = i \\ k \circ i = -i \circ k = j \end{array}\right\} \tag{2.31}$$

式(2.30)表示类似于虚数单位的性质,式(2.31)表示类似于单位矢量的性质。因此四元数具有两重性。

四元数 $Q$ 可以分解成 $q_0$ 和矢量 $q$,如下式所示:

$$\left.\begin{array}{l} Q = q_0 + q = \operatorname{scal}(Q) + \operatorname{vect}(Q) \\ q = q_1 i + q_2 j + q_3 k \end{array}\right\} \tag{2.32}$$

四元数 $Q$ 的共轭数为

$$Q^* = q_0 - q_1 i - q_2 j - q_3 k = q_0 - q \tag{2.33}$$

四元数的单元、零元、负元、共轭元和逆元的定义:

单元:

$$\mathbf{1} = 1 + 0i + 0j + 0k \tag{2.34}$$

零元:

$$\mathbf{0} = 0 + 0i + 0j + 0k \tag{2.35}$$

负元:

$$-\mathbf{\Lambda} = -\lambda_0 - \lambda_1 i - \lambda_2 j - \lambda_3 k \tag{2.36}$$

共轭元:

$$\mathbf{\Lambda} = \lambda_0 - \lambda_1 i - \lambda_2 j - \lambda_3 k \tag{2.37}$$

逆元:

$$\mathbf{\Lambda}^{-1} = \frac{1}{\lambda_0 + \lambda_1 i + \lambda_2 j + \lambda_3 k} = \frac{\lambda_0 - \lambda_1 i - \lambda_2 j - \lambda_3 k}{(\lambda_0 + \lambda_1 i + \lambda_2 j + \lambda_3 k)(\lambda_0 - \lambda_1 i - \lambda_2 j - \lambda_3 k)} = \frac{\mathbf{\Lambda}^*}{\lambda_0^2 + \lambda_1^2 + \lambda_2^2 + \lambda_3^2} \tag{2.38}$$

### 2.4.2 四元数的代数运算法则

设有两个四元数 $P$ 和 $Q$ 分别为

$$\left.\begin{array}{l} P = p_0 + p_1 i + p_2 j + p_3 k \\ Q = q_0 + q_1 i + q_2 j + q_3 k \end{array}\right\} \tag{2.39}$$

(1) 若两个四元数的诸元相等,即 $p_i = q_i (i = 0, 1, 2, 3)$,则这两个四元数相等。

(2) 四元数 $P$ 和 $Q$ 之和(差)为四元数,其诸元为 $(p_i \pm q_i)$,即

$$P \pm Q = (p_0 \pm q_0) + (p_1 \pm q_1)i + (p_2 \pm q_2)j + (p_3 \pm q_3)k \tag{2.40}$$

(3) 当四元数 $P$ 乘以标量 $a$ 时,其所有各元都乘以该数,结果仍为四元数。

$$\mathbf{\Lambda} = aP = ap_0 + ap_1 i + ap_2 j + ap_3 k \tag{2.41}$$

（4）四元数乘法。两个四元数相乘仍为四元数。用符号"。"表示四元数乘法。

$$\boldsymbol{P} \circ \boldsymbol{Q} = (p_0 + p_1\boldsymbol{i} + p_2\boldsymbol{j} + p_3\boldsymbol{k}) \circ (q_0 + q_1\boldsymbol{i} + q_2\boldsymbol{j} + q_3\boldsymbol{k}) =$$
$$[p_0q_0 - (p_1q_1 + p_2q_2 + p_3q_3)] + [p_1q_0 + p_0q_1 + (p_2q_3 - p_3q_2)]\boldsymbol{i} +$$
$$[p_2q_0 + p_0q_2 + (p_3q_1 - p_1q_3)]\boldsymbol{j} + [p_3q_0 + p_0q_3 + (p_1q_2 - p_2q_1)]\boldsymbol{k}$$
$$(2.42)$$

为了运算方便,四元数乘法可以有以下两种表示方式:

（a）用矢量运算符号的表示法。为表示四元数相乘,引入矢量运算符号:

$$\left.\begin{array}{l} \boldsymbol{p} \cdot \boldsymbol{q} = p_1q_1 + p_2q_2 + p_3q_3 \\ \boldsymbol{p} \times \boldsymbol{q} = \begin{vmatrix} \boldsymbol{i} & \boldsymbol{j} & \boldsymbol{k} \\ p_1 & p_2 & p_3 \\ q_1 & q_2 & q_3 \end{vmatrix} \end{array}\right\} \quad (2.43)$$

式中　符号"·"表示标量积;符号"×"表示矢量积。

则引入矢量运算符号后得到

$$\boldsymbol{P} \circ \boldsymbol{Q} = p_0q_0 - (\boldsymbol{p} \cdot \boldsymbol{q}) + \boldsymbol{p}q_0 + \boldsymbol{q}p_0 + (\boldsymbol{p} \times \boldsymbol{q}) \quad (2.44)$$

而

$$\boldsymbol{Q} \circ \boldsymbol{P} = q_0p_0 - (\boldsymbol{q} \cdot \boldsymbol{p}) + \boldsymbol{q}p_0 + \boldsymbol{p}q_0 + (\boldsymbol{q} \times \boldsymbol{p}) \quad (2.45)$$

由于 $\boldsymbol{p} \times \boldsymbol{q} = -(\boldsymbol{q} \times \boldsymbol{p}) \neq \boldsymbol{q} \times \boldsymbol{p}$,故

$$\boldsymbol{P} \circ \boldsymbol{Q} \neq \boldsymbol{Q} \circ \boldsymbol{P} \quad (2.46)$$

即四元数乘法不适合交换律。

只有当相乘因子中一个为标量或相乘因子的矢量部分成比例时,才可交换因子,即当 $\boldsymbol{P} \circ \boldsymbol{Q}$ 中有一个为标量或 $\boldsymbol{P} = a\boldsymbol{Q}$ 时,有

$$\boldsymbol{P} \circ \boldsymbol{Q} = \boldsymbol{Q} \circ \boldsymbol{P} \quad (2.47)$$

（b）矩阵形式的表示法。将四元数写成四维矢量形式

$$\left.\begin{array}{l} \boldsymbol{P} = \begin{bmatrix} p_0 & p_1 & p_2 & p_3 \end{bmatrix}^{\mathrm{T}} \\ \boldsymbol{Q} = \begin{bmatrix} q_0 & q_1 & q_2 & q_3 \end{bmatrix}^{\mathrm{T}} \end{array}\right\} \quad (2.48)$$

$$\boldsymbol{\Lambda} = \boldsymbol{P} \circ \boldsymbol{Q} = \lambda_0 + \lambda_1\boldsymbol{i} + \lambda_2\boldsymbol{j} + \lambda_3\boldsymbol{k} \quad (2.49)$$

则有

$$\begin{bmatrix} \lambda_0 \\ \lambda_1 \\ \lambda_2 \\ \lambda_3 \end{bmatrix} = \begin{bmatrix} p_0 & -p_1 & -p_2 & -p_3 \\ p_1 & p_0 & -p_3 & p_2 \\ p_2 & p_3 & p_0 & -p_1 \\ p_3 & -p_2 & p_1 & p_0 \end{bmatrix} \begin{bmatrix} q_0 \\ q_1 \\ q_2 \\ q_3 \end{bmatrix} = \begin{bmatrix} p_0q_0 - (p_1q_1 + p_2q_2 + p_3q_3) \\ p_1q_0 + p_0q_1 + (p_2q_3 - p_3q_2) \\ p_2q_0 + p_0q_2 + (p_3q_1 - p_1q_3) \\ p_3q_0 + p_0q_3 + (p_1q_2 - p_2q_1) \end{bmatrix}$$
$$(2.50)$$

式(2.50)可表示成

$$\begin{bmatrix} \lambda_0 \\ \lambda_1 \\ \lambda_2 \\ \lambda_3 \end{bmatrix} = \begin{bmatrix} q_0 & -q_1 & -q_2 & -q_3 \\ q_1 & q_0 & q_3 & -q_2 \\ q_2 & -q_3 & q_0 & q_1 \\ q_3 & q_2 & -q_1 & q_0 \end{bmatrix} \begin{bmatrix} p_0 \\ p_1 \\ p_2 \\ p_3 \end{bmatrix} \tag{2.51}$$

将矩阵

$$\boldsymbol{V}(p) = \begin{bmatrix} p_0 & -p_3 & p_2 \\ p_3 & p_0 & -p_1 \\ -p_2 & p_1 & p_0 \end{bmatrix} \tag{2.52}$$

称为核矩阵。由式(2.17)和式(2.18)可以看出,在用矩阵形式进行乘法运算时,如果欲将四元数次序颠倒,则需将核矩阵转置。四元数连乘的矩阵表示为

$$\boldsymbol{Q} \circ \boldsymbol{P} \circ \boldsymbol{\Lambda} = \begin{bmatrix} q_0 & -q_1 & -q_2 & -q_3 \\ q_1 & q_0 & -q_3 & q_2 \\ q_2 & q_3 & q_0 & -q_1 \\ q_3 & -q_2 & q_1 & q_0 \end{bmatrix} \begin{bmatrix} p_0 & -p_1 & -p_2 & -p_3 \\ p_1 & p_0 & -p_3 & p_2 \\ p_2 & p_3 & p_0 & -p_1 \\ p_3 & -p_2 & p_1 & p_0 \end{bmatrix} \begin{bmatrix} \lambda_0 \\ \lambda_1 \\ \lambda_2 \\ \lambda_3 \end{bmatrix} \tag{2.53}$$

(5) 四元数的范数。四元数的范数(或称为模)定义为

$$N = \sqrt{\| \boldsymbol{\Lambda} \|} = \sqrt{\lambda_0^2 + \lambda_1^2 + \lambda_2^2 + \lambda_3^2} \tag{2.54}$$

式中 $\| \boldsymbol{\Lambda} \|$ 称四元数 $\boldsymbol{\Lambda}$ 的模二次方,它等于四元数 $\boldsymbol{\Lambda}$ 与其共轭四元数 $\boldsymbol{\Lambda}^*$ 的乘积,即

$$\| \boldsymbol{\Lambda} \| = \boldsymbol{\Lambda} \circ \boldsymbol{\Lambda}^* = \boldsymbol{\Lambda}^* \circ \boldsymbol{\Lambda} = \lambda_0^2 + \lambda_1^2 + \lambda_2^2 + \lambda_3^2 \tag{2.55}$$

由此可见,四元数的模二次方为一标量。

(6) 四元数的除法。由于四元数的乘法是不可变换的,故四元数的除法分为左除和右除。设 $\boldsymbol{P},\boldsymbol{Q},\boldsymbol{\Lambda}$ 为三个四元数,若 $\boldsymbol{Q} \circ \boldsymbol{\Lambda} = \boldsymbol{P}$,则 $\boldsymbol{\Lambda} = \boldsymbol{Q}^{-1} \circ \boldsymbol{P}$ 称为左除。若 $\boldsymbol{\Lambda} \circ \boldsymbol{Q} = \boldsymbol{P}$,则 $\boldsymbol{\Lambda} = \boldsymbol{P} \circ \boldsymbol{Q}^{-1}$ 称为右除。

四元数相除,其结果仍为四元数,但因 $\boldsymbol{Q}^{-1} \circ \boldsymbol{P} \neq \boldsymbol{P} \circ \boldsymbol{Q}^{-1}$,故"左除"和"右除"两式中的 $\boldsymbol{\Lambda}$ 是不相等的。

(7) 四元数的逆。由式(2.55)可得

$$\boldsymbol{\Lambda}^{-1} = \boldsymbol{\Lambda}^* / \| \boldsymbol{\Lambda} \| \tag{2.56}$$

满足

$$\boldsymbol{\Lambda} \circ \boldsymbol{\Lambda}^{-1} = \boldsymbol{\Lambda}^{-1} \circ \boldsymbol{\Lambda} = \boldsymbol{I} \tag{2.57}$$

(8) 四元数的微分

$$\dot{\boldsymbol{Q}} = \dot{q}_0 + \dot{q}_1 \boldsymbol{i} + \dot{q}_2 \boldsymbol{j} + \dot{q}_3 \boldsymbol{k} \tag{2.58}$$

若 $\boldsymbol{\Lambda} = \boldsymbol{P} \circ \boldsymbol{Q}$,则

$$\dot{\boldsymbol{\Lambda}} = \dot{\boldsymbol{P}} \circ \boldsymbol{Q} + \boldsymbol{P} \circ \dot{\boldsymbol{Q}} \tag{2.59}$$

### 2.4.3　基于四元数的刚体旋转运动

描述刚体的旋转运动有许多种方法,其中最常用的有方向余弦、欧拉角参数及四元数法。用方向余弦描述旋转运动是通过动系 $Ox'y'z'$ 对于平动系 $Oxyz$ 的方位,即它们的各轴间的方向余弦来确定的(见表 2.1)。

**表 2.1　$Oxyz$ 系与 $Ox'y'z'$ 系之间的方向余弦**

|  | $Ox$ | $Oy$ | $Oz$ |
|---|---|---|---|
| $Ox'$ | $\alpha_{11}$ | $\alpha_{12}$ | $\alpha_{13}$ |
| $Oy'$ | $\alpha_{21}$ | $\alpha_{22}$ | $\alpha_{23}$ |
| $Oz'$ | $\alpha_{31}$ | $\alpha_{32}$ | $\alpha_{33}$ |

表 2.1 中每一元素表示对应轴夹角余弦,例如 $\alpha_{23}=\cos(Oy',Oz')$ 等等。9 个参数显然不是全独立的,它们之间存在以下 6 个关系式:

首先,由于 $Oxyz$ 为直角坐标系,因此

$$\left.\begin{array}{l}\alpha_{11}^2+\alpha_{12}^2+\alpha_{13}^2=1\\\alpha_{21}^2+\alpha_{22}^2+\alpha_{23}^2=1\\\alpha_{31}^2+\alpha_{32}^2+\alpha_{33}^2=1\end{array}\right\} \tag{2.60}$$

由于 $Ox'y'z'$ 各轴相互垂直,因此

$$\left.\begin{array}{l}\alpha_{11}\alpha_{21}+\alpha_{12}\alpha_{22}+\alpha_{13}\alpha_{23}=0\\\alpha_{21}\alpha_{31}+\alpha_{22}\alpha_{32}+\alpha_{23}\alpha_{33}=0\\\alpha_{31}\alpha_{11}+\alpha_{32}\alpha_{12}+\alpha_{33}\alpha_{13}=0\end{array}\right\} \tag{2.61}$$

结果是 9 个参数,6 个关系式,3 个自由度。因此,以方向余弦确定动系对平动系的位置,只能选定 9 个参数中的 3 个为独立参数,而其余 6 个参数都表示为这 3 个独立参数的函数。因此,用方向余弦表示刚体旋转运动的方程虽不退化,但参数和联系方程数目较多,计算复杂。

用欧拉角参数描述刚体旋转运动在一般的飞行力学教材中均有介绍,这里不再重述。用欧拉角建立的旋转运动运动学方程,虽然只有 3 个,但方程中可能因出现奇异点而退化。

而由四元数的几何表示可知,规范化四元数等价于圆心角或球面上的一段大圆弧。而由理论力学可知,球面上的一段大圆弧表示刚体的某一位置。因此,对刚体的每一位置都可找到与之对应的规范化四元数。也就是说,完全可以用规范化四元数来确定定点运动刚体的位置。因此,定点运动刚体由某一位置到另一位置的任意有限转动就可以用四元数的转动来表示。用四元数描述刚体旋转运动方程的优点:对任何参数值都不退化(无奇点),而且参数数目只有 4 个,联系方程只有 1

个。下面具体介绍用四元数描述的刚体旋转运动方程。

设有矢量 $r$，经过转动四元数 $Q = \cos\dfrac{\theta}{2} + \xi\sin\dfrac{\theta}{2}$ 变化后变为矢量 $r'$，当把 $r,r'$ 看成四元数矢量部分时，可写成

$$r' = Q \circ r \circ Q^{-1} \tag{2.62}$$

因 $r$ 相对定坐标系是不动的，$r'$ 是变化的，其变化是由于 $Q$ 的变化而引起的，所以

$$\frac{\mathrm{d}r}{\mathrm{d}t} = \mathbf{0} \tag{2.63}$$

对式（2.63）两边微分，由式（2.62）得

$$\frac{\mathrm{d}r'}{\mathrm{d}t} = \frac{\mathrm{d}Q}{\mathrm{d}t} \circ r \circ Q^{-1} + Q \circ r \circ \frac{\mathrm{d}Q^{-1}}{\mathrm{d}t} \tag{2.64}$$

由式（2.62）知

$$\left.\begin{array}{l} Q^{-1} \circ r' = r \circ Q^{-1} \\ r' \circ Q = Q \circ r \end{array}\right\} \tag{2.65}$$

又 $Q \circ Q^{-1} = 1$，对其求导可得

$$\frac{\mathrm{d}Q}{\mathrm{d}t} \circ Q^{-1} + Q \circ \frac{\mathrm{d}Q^{-1}}{\mathrm{d}t} = \mathbf{0} \tag{2.66}$$

所以

$$\frac{\mathrm{d}Q^{-1}}{\mathrm{d}t} = -Q^{-1} \circ \frac{\mathrm{d}Q}{\mathrm{d}t} \circ Q^{-1} \tag{2.67}$$

将式（2.65）、式（2.66）代入式（2.64）得

$$\frac{\mathrm{d}r'}{\mathrm{d}t} = \frac{\mathrm{d}Q}{\mathrm{d}t} \circ Q^{-1} \circ r' - r' \circ \frac{\mathrm{d}Q}{\mathrm{d}t} \circ Q^{-1} \tag{2.68}$$

由于 $r'$ 的变化是由 $Q$ 的变化引起的，因此 $r'$ 的变化只是绕 $\xi$ 轴的转动，其角速度为 $\dfrac{\mathrm{d}\theta}{\mathrm{d}t}$，以矢量 $\boldsymbol{\omega}$ 表示，则有

$$\boldsymbol{\omega} = \xi \frac{\mathrm{d}\theta}{\mathrm{d}t} \tag{2.69}$$

此即刚体绕瞬时轴的转动，这时 $\dfrac{\mathrm{d}r'}{\mathrm{d}t}$ 表示 $r'$ 端点的速度，所以

$$\frac{\mathrm{d}r'}{\mathrm{d}t} = \boldsymbol{\omega} \times r' \tag{2.70}$$

将 $\boldsymbol{\omega} \times r'$ 写成四元数乘积形式，因为

$$\boldsymbol{\omega} \circ r' = -\boldsymbol{\omega} \cdot r' + \boldsymbol{\omega} \times r' \tag{2.71}$$

$$r' \circ \boldsymbol{\omega} = -r' \cdot \boldsymbol{\omega} + r' \times \boldsymbol{\omega} = -\boldsymbol{\omega} \cdot r' - \boldsymbol{\omega} \times r' \tag{2.72}$$

式（2.71）与式（2.72）相减得

$$\boldsymbol{\omega} \times \boldsymbol{r}' = \frac{1}{2}(\boldsymbol{\omega} \circ \boldsymbol{r}' - \boldsymbol{r}' \circ \boldsymbol{\omega}) \qquad (2.73)$$

所以

$$\frac{\mathrm{d}\boldsymbol{r}'}{\mathrm{d}t} = \frac{1}{2}(\boldsymbol{\omega} \circ \boldsymbol{r}' - \boldsymbol{r}' \circ \boldsymbol{\omega}) \qquad (2.74)$$

比较式(2.68)和式(2.74)得到

$$\boldsymbol{\omega} = 2\frac{\mathrm{d}\boldsymbol{Q}}{\mathrm{d}t} \circ \boldsymbol{Q}^{-1} \qquad (2.75)$$

式(2.75)即为用四元数表示的旋转运动学方程。式中 $\boldsymbol{\omega}$ 可表示为

$$\boldsymbol{\omega} = \omega_x \boldsymbol{i} + \omega_y \boldsymbol{j} + \omega_z \boldsymbol{k} \qquad (2.76)$$

$\omega_x, \omega_y, \omega_z$ 为刚体对定坐标系旋转角速度在定系上的投影 $\boldsymbol{Q}$ 的四元数表达式为

$$\boldsymbol{Q} = q_0 + q_1\boldsymbol{i} + q_2\boldsymbol{j} + q_3\boldsymbol{k} \qquad (2.77)$$

对式(2.77)求导可得

$$\dot{\boldsymbol{Q}} = \dot{q}_0 + \dot{q}_1\boldsymbol{i} + \dot{q}_2\boldsymbol{j} + \dot{q}_3\boldsymbol{k} \qquad (2.78)$$

将式(2.76)～式(2.78)代入式(2.75)，并按式(2.42)进行四元数乘法运算，等式两边的对应分量相等，可得

$$\begin{bmatrix} \dot{q}_0 \\ \dot{q}_1 \\ \dot{q}_2 \\ \dot{q}_3 \end{bmatrix} = \frac{1}{2} \begin{bmatrix} q_0 & -q_1 & -q_2 & -q_3 \\ q_1 & q_0 & q_3 & -q_2 \\ q_2 & -q_3 & q_0 & q_1 \\ q_3 & q_2 & -q_1 & q_0 \end{bmatrix} \begin{bmatrix} 0 \\ \omega_x \\ \omega_y \\ \omega_z \end{bmatrix} \qquad (2.79)$$

展开即为

$$\left. \begin{aligned} \dot{q}_0 &= \frac{1}{2}(-\omega_x q_1 - \omega_y q_2 - \omega_z q_3) \\ \dot{q}_1 &= \frac{1}{2}(\omega_x q_0 + \omega_y q_3 - \omega_z q_2) \\ \dot{q}_2 &= \frac{1}{2}(\omega_y q_0 + \omega_z q_1 - \omega_x q_3) \\ \dot{q}_0 &= \frac{1}{2}(\omega_z q_0 + \omega_x q_2 - \omega_y q_1) \end{aligned} \right\} \qquad (2.80)$$

式(2.80)即为用四元数表示的刚体旋转运动学方程，式中 $\omega_x, \omega_y, \omega_z$ 为刚体角速度在定系中的投影。若用刚体角速度在动系中的投影来表示旋转运动学方程，只需将式(2.75)进行坐标变换。

$$\boldsymbol{\omega}' = \boldsymbol{Q}^{-1} \circ \boldsymbol{\omega} \circ \boldsymbol{Q} = \boldsymbol{Q}^{-1} \circ \left[2\frac{\mathrm{d}\boldsymbol{Q}}{\mathrm{d}t} \circ \boldsymbol{Q}^{-1}\right] \circ \boldsymbol{Q} = 2\boldsymbol{Q}^{-1} \circ \frac{\mathrm{d}\boldsymbol{Q}}{\mathrm{d}t} \qquad (2.81)$$

式中 $\boldsymbol{\omega}'$ 可表示为

$$\boldsymbol{\omega}' = \omega'_x \boldsymbol{i} + \omega'_y \boldsymbol{j} + \omega'_z \boldsymbol{k} \qquad (2.82)$$

式中 $\omega'_x,\omega'_y,\omega'_z$ 为刚体角速度在动系上的投影。

对式(2.82)进行运算并展开后得

$$\begin{bmatrix} \dot{q}_0 \\ \dot{q}_1 \\ \dot{q}_2 \\ \dot{q}_3 \end{bmatrix} = \frac{1}{2} \begin{bmatrix} q_0 & -q_1 & -q_2 & -q_3 \\ q_1 & q_0 & -q_3 & q_2 \\ q_2 & q_3 & q_0 & -q_1 \\ q_3 & -q_2 & q_1 & q_0 \end{bmatrix} \begin{bmatrix} 0 \\ \omega'_x \\ \omega'_y \\ \omega'_z \end{bmatrix} \tag{2.83}$$

再展开即得

$$\left. \begin{aligned} \dot{q}_0 &= \frac{1}{2}(-\omega'_x q_1 - \omega'_y q_2 - \omega'_z q_3) \\ \dot{q}_1 &= \frac{1}{2}(\omega'_x q_0 - \omega'_y q_3 + \omega'_z q_2) \\ \dot{q}_2 &= \frac{1}{2}(\omega'_x q_3 + \omega'_y q_0 - \omega'_z q_1) \\ \dot{q}_0 &= \frac{1}{2}(-\omega'_x q_2 + \omega'_y q_1 + \omega'_z q_0) \end{aligned} \right\} \tag{2.84}$$

式(2.84)即为刚体角速度在动系中投影表示的刚体旋转运动学方程。由此式可见,用四元数参数描述刚体的转动,参数有4个。另有1个联系方程,即

$$q_0^2 + q_1^2 + q_2^2 + q_3^2 = 1 \tag{2.85}$$

式(2.84)、式(2.85)组成了用四元数表示的刚体旋转运动学方程组。这是一组非奇异线性微分方程组,在正交变换情况下,它满足范数为1的联系方程。四元数的连续坐标变换等于四元数坐标变换的叠加。设矢量 $r_i$ 联系于坐标系i,通过四元数 $\mathbf{Q}$ 将i系转至e系,则矢量 $r_i$ 在e系中的表达式 $r_e$ 为

$$\mathbf{r}_e = \mathbf{Q}^* \circ \mathbf{r}_i \circ \mathbf{Q} \tag{2.86}$$

如果再通过四元数 $\mathbf{P}$ 将e系转到f系,则矢量 $r_i$ 在f系中的表达式 $r_f$ 为

$$\mathbf{r}_f = \mathbf{P}^* \circ \mathbf{r}_e \circ \mathbf{P} = \mathbf{P}^* \circ \mathbf{Q}^* \circ \mathbf{r}_i \circ \mathbf{Q} \circ \mathbf{P} = (\mathbf{Q} \circ \mathbf{P})^* \circ \mathbf{r}_i \circ (\mathbf{Q} \circ \mathbf{P}) \tag{2.87}$$

设将i系转至f系的四元数定义为 $\mathbf{\Lambda}$,则有

$$\mathbf{\Lambda} = \mathbf{Q} \circ \mathbf{P} \tag{2.88}$$

$$\mathbf{r}_f = \mathbf{\Lambda}^* \circ \mathbf{r}_i \circ \mathbf{\Lambda} \tag{2.89}$$

可见,只要利用上述原理,就可进行连续多次的四元数坐标变换。与其他刚体旋转运动方程相比,四元数方程具有以下特点:

(1)与欧拉角表示的旋转方程不同,它是一组非奇异线性微分方程,没有奇点,任何参数值均可解。

(2)与方向余弦阵相比,四元数有最低数目的非奇异参数和最低数目的联系方程。通过四元数的形式运算,可单值地给定正交变换运算。

(3)四元数能够以唯一形式表示两个表征刚体运动的重要物理量,即角速度(刚体转动特性)和有限转动矢量(刚体位置特性)。这两个量以瞬时欧拉旋转矢量

和等价的欧拉旋转矢量表示,见式(2.73)和式(2.75)。

(4)四元数代数法,可以用超复数空间元素来表示欧拉旋转矢量,超复数空间与三维实空间对应。因此,用四元数研究刚体旋转运动特性是很方便的。

# 2.5  飞行动力学建模中的插值算法

在飞行动力学建模仿真中,气动数据预处理和数据插值运算占据重要的地位,尤其是插值运算广泛应用到复杂气流下飞行仿真的全过程中,因此研究快速插值算法对系统的可靠运行有十分重要的意义。

## 2.5.1  常用的插值算法

插值法是通过已知点的函数值求解区间 $[a,b]$ 上函数关系的经典方法,它可以构造区间 $[a,b]$ 上的近似函数,且满足观察值 $u_i=\varphi(x_i)(i=0,1,2,\cdots,n)$。这样就可由已知的有限数据点对,求出函数关系式或区间 $[a,b]$ 上任一点的函数值。最常用的插值法有线性插值、拉格朗日插值和分段抛物线插值等。本小节将对线性插值和拉格朗日插值基本思想作简单介绍。

### 1. 插值准则

设函数 $u=f(x)$ 在区间 $[a,b]$ 上存在且连续,并在 $n+1$ 个不同的点 $a\leqslant x_0$, $x_1,\cdots,x_n\leqslant b$ 上分别取值 $u_0,u_1,\cdots,u_n$。

插值的目的在于求一简单且逼近性好的函数 $\varphi(x)$,使得

$$\varphi(x_i)=u_i \quad (i=0,1,2,\cdots,n) \tag{2.90}$$

且在区间 $[a,b]$ 内实现 $\varphi(x)$ 对 $f(x)$ 的近似。通常,称区间 $[a,b]$ 为插值区间,称点 $x_0,x_1,\cdots,x_n$ 为插值点,称式(2.90)为插值条件,称 $\varphi(x)$ 为函数 $f(x)$ 在点 $x_0$, $x_1,\cdots,x_n$ 处的插值函数。求插值函数的方法称为插值法。

### 2. 线性插值、拉格朗日插值的基本思想

对节点 $x_i(i=0,1,2,\cdots,n)$ 中任一点 $x_k(0\leqslant k\leqslant n)$,作一个 $n$ 次多项式 $M_k(x)$,使该多项式在点 $x_k$ 上取值为1,而在其余点上取值为零,即

$$M_k(x_i)=\begin{cases}1, & i=k \\ 0, & i\neq k\end{cases} \tag{2.91}$$

式(2.91)表明 $n$ 个点 $x_0,x_1,\cdots,x_{k-1},x_{k+1},\cdots,x_n$ 都是 $n$ 次多项式 $M_k(x)$ 的零值变量点,现拟

$$M_k(x)=A_k\prod_{i=0,i\neq k}^{n}(x-x_i) \quad (k=0,1,\cdots,n) \tag{2.92}$$

式中 $A_k$ 为待定系数。由 $M_k(x_k)=1$,可得待定系数 $A_k$ 为

$$A_k = \cfrac{1}{\prod\limits_{i=0,i\neq k}^{n}(x_k-x_i)} \quad (k=0,1,\cdots,n) \qquad (2.93)$$

因此,有 $n$ 次插值多项式

$$M_k(x) = \prod\limits_{i=0,i\neq k}^{n}(x-x_i)\Big/\prod\limits_{i=0,i\neq k}^{n}(x_k-x_i) \quad (k=0,1,\cdots n) \qquad (2.94)$$

对应于每个节点 $x_i(i=0,1,2,\cdots,n)$,都能写出一个满足插值条件的 $n$ 次插值多项式。因此,就有 $n+1$ 个 $n$ 次插值多项式 $M_0(x),M_1(x),\cdots,M_n(x)$。由式 (2.94) 可以看出,这 $n+1$ 个 $n$ 次插值多项式只与节点的取法有关,称它们为 $n+1$ 个节点的 $n$ 次基本插值多项式或 $n$ 次插值基函数。

利用上面所求的插值基函数可以得到满足插值条件的 $n$ 次插值多项式为

$$u_0M_0(x)+u_1M_1(x)+\cdots+u_nM_n(x) \qquad (2.95)$$

式(2.95)是 $n$ 次多项式的线性组合,因此其最高次数不高于 $n$。根据式 (2.91) 容易验证式(2.95)在节点 $x_i$ 处的函数值为 $u_i$。因此式(2.95)是待求的 $n$ 次插值多项 $\varphi_n(x)$,通常称为拉格朗日插值多项式,记为 $L_n(x)$,即

$$L_n(x) = u_0M_0(x)+u_1M_1(x)+\cdots+u_nM_n(x)=$$
$$\sum_{k=0}^{n}\Big[u_k\prod\limits_{i=0,i\neq k}^{n}(x-x_i)\Big/\prod\limits_{i=0,i\neq k}^{n}(x_k-x_i)\Big] \qquad (2.96)$$

线性插值法又称两点插值法,是拉格朗日插值法的一种特殊情况,即为 $n=1$ 的拉格朗日插值。由式(2.96)可得线性插值公式为

$$L_1(x) = u_0\frac{x-x_1}{x_0-x_1}+u_1\frac{x-x_0}{x_1-x_0} \qquad (2.97)$$

因为插值函数严格通过已知的数据点,所以从表面上看插值函数已经满足插值条件,但实际上已知的数据通常带有各种误差,如观测数据带有观测误差,插值函数严格通过已知数据点恰恰保留了原有的观测误差。因此,当个别数据的误差较大时,插值效果就会不理想。为了提高非已知点处函数值插值计算的精度,当实际问题为高次非线性问题时,适当提高插值多项式的次数,可能会改善计算结果的准确性。但并不是插值次数越高计算结果就越精确,这是因为在进行高次插值时,有时会出现龙格现象。因此在实际问题的解决中,插值多项式次数的选取是计算结果准确与否的关键。

### 2.5.2 三次样条插值法

#### 1. 样条插值的定义和基本思想

假设给定 $n+1$ 个点:$a=x_0<x_1<x_2<\cdots<x_n=b$,如果函数 $S(x)$ 满足

以下两点：

(1) 在每个子区间 $[x_k, x_{k+1}]$ 上，$S(x)$ 是一个不超过 $m$ 次的多项式（其中 $k = 0,1,2,\cdots,n-1$），并且满足 $S(x_i) = f(x_i)(i=0,1,2,\cdots,n)$；

(2) 函数 $S(x)$ 在 $[a,b]$ 上具有 $m-1$ 阶的连续导数。则称 $S(x)$ 是 $f(x)$ 的以 $\{x_k\}$ 为节点的 $m$ 次样条插值函数。

样条函数的基本思想是把多项式"分段化"，而使整个函数成为"装配式"的，同时又得保证节点处具有一定的光滑性，从而既保留了多项式在表达式上的简洁，又克服了多项式插值的不灵活及不稳定的特点。

### 2. 三次样条插值函数的构造

按照上述定义，三次样条插值函数 $S(x)$ 在每个子区间 $[x_k, x_{k+1}]$ 上是三次多项式，故 $S''(x)$ 是线性函数。令 $m_k = S''(x_k)(k=0,1,\cdots,n)$，设 $x \in [x_k, x_{k+1}]$，则过两点 $(x_k, m_k)$ 与 $(x_{k+1}, m_{k+1})$ 的线性函数可表示为

$$S''(x) = m_k \frac{x_{k+1} - x}{h_k} + m_{k+1} \frac{x - x_k}{h_k} \tag{2.98}$$

式中 $h_k = x_{k+1} - x_k$。

对式(2.98)两端在区间 $[x_k, x_{k+1}]$ 上连续两次求积分，即可得到

$$S(x) = m_k \frac{(x_{k+1} - x)^3}{6h_k} + m_{k+1} \frac{(x - x_k)^3}{6h_k} + A_k(x - x_k) + B_k \tag{2.99}$$

式中 $A_k$ 和 $B_k$ 为积分常数，将 $S(x_k) = y_k, S(x_{k+1}) = y_{k+1}$ 代入式(2.99)得到方程组如下：

$$\left. \begin{array}{l} B_k = y_k - m_k \dfrac{h_k^2}{6} \\[2mm] A_k = \dfrac{y_{k+1} - y_k}{h_k} - \dfrac{h_k}{6}(m_{k+1} - m_k) \end{array} \right\} \tag{2.100}$$

将式(2.100)代入式(2.99)，则有

$$S(x) = m_k \frac{(x_{k+1} - x)^3}{6h_k} + m_{k+1} \frac{(x - x_k)^3}{6h_k} +$$
$$\left[ \frac{y_{k+1} - y_k}{h_k} - \frac{h_k}{6}(m_{k+1} - m_k) \right](x - x_k) + y_k - m_k \frac{h_k^2}{6} \tag{2.101}$$

因此，如果确定了 $m_k(k=0,1,2,\cdots,n)$，则在各子区间上的三次样条插值函数也就完全确定了。

$S(x)$ 在 $[a,b]$ 上的一阶导数是连续的，即

$$S'(x-0) = S'(x+0) \tag{2.102}$$

当 $x \in [x_{k-1}, x_k]$ 时，

$$S'(x-0) = \frac{y_k - y_{k-1}}{h_{k-1}} + \frac{h_{k-1}}{3}m_k + \frac{h_{k-1}}{6}m_{k-1} \tag{2.103}$$

当 $x \in [x_k, x_{k+1}]$ 时，

$$S'(x_k + 0) = \frac{y_{k+1} - y_k}{h_k} - \frac{h_k}{3}m_k - \frac{h_k}{6}m_{k+1} \tag{2.104}$$

由式(2.102)可知，有

$$\frac{6}{h_{k-1} + h_k}\left(\frac{y_{k+1} - y_k}{h_k} - \frac{y_k - y_{k-1}}{h_{k-1}}\right) = 2m_k + \frac{h_{k-1}}{h_{k-1} + h_k}m_{k-1} + \frac{h_k}{h_{k-1} + h_k}m_{k+1} \tag{2.105}$$

式中 $k = 0, 1, 2, \cdots, n$，现令

$$u_k = \frac{h_{k-1}}{h_{k-1} + h_k}, \lambda_k = \frac{6}{h_{k-1} + h_k}\left(\frac{y_{k+1} - y_k}{h_k} - \frac{y_k - y_{k-1}}{h_{k-1}}\right) \tag{2.106}$$

那么 $1 - u_k = \dfrac{h_k}{h_{k-1} + h_k}$，式(2.105)可简化为

$$u_k m_{k-1} + 2m_k + (1 - u_k)m_{k+1} = \lambda_k \tag{2.107}$$

则在区间 $[a, b]$ 上有

$$\left.\begin{aligned} u_1 m_0 + 2m_1 + (1 - u_1)m_2 &= \lambda_1 \\ u_2 m_1 + 2m_2 + (1 - u_2)m_3 &= \lambda_2 \\ &\cdots\cdots \\ u_{n-1} m_{n-2} + 2m_{n-1} + (1 - u_{n-1})m_n &= \lambda_{n-1} \end{aligned}\right\} \tag{2.108}$$

本节所使用的原始数据曲线在其端点处均是直线段，因此设置样条函数 $S(x)$ 在插值区间 $[a, b]$ 两端点处的二阶导数为零，得到所谓的"自然三次样条"函数。有了附加条件之后，即可确定 $n+1$ 个未知量的方程组，具体如下：

$$\left.\begin{aligned} m_0 &= 0 \\ 2m_1 + (1 - u_1)m_2 &= \lambda_1 - u_1 y''_0 \\ u_k m_{k-1} + 2m_k + (1 - u_k)m_{k+1} &= \lambda_k \\ u_{n-1} m_{n-2} + 2m_{n-1} &= \lambda_{n-1} - (1 - u_{n-1})y''_n \\ m_n &= y''_n \end{aligned}\right\} \tag{2.109}$$

式中 $k = 2, 3, \cdots, n-2$。采用三对角算法对方程组式(2.109)进行求解，然后将计算结果代入式(2.99)即可确定样条函数 $S(x)$。

### 3. 双三次样条插值法

双三次样条插值的基本思想：进行两次三次样条插值 —— 先按自变量列表的行方向求 $m$ 次一维样条插值，再按自变量列表的列方向做一次一维样条插值。

这样做既可以减少预计算时间，又可以节省存储空间。双三次样条插值并没有像三次插值那样，需预先计算并存好所有的导数信息，而是像样条插值一样，只需先计算并保存一个方向上的二阶导数；然后，对 $m$ 行样条做样条求值；最后做一

次列样条插值即可得到最终的解。

# 2.6　飞行动力学建模中的常微分方程

## 2.6.1　常微分方程的定义及性质

### 1. 常微分方程的定义

物理运动和它的变化规律在数学上是用函数关系来描述的,这类问题就是要去寻找满足某些条件的一个或几个未知条件。解这类问题要把研究的问题中的已知函数和未知函数之间的关系找出来,从列出的包含未知数的一个或几个方程中求得未知函数的表达式。凡是表示未知函数的导数及其自变量之间的关系的方程就叫作微分方程。如果在一个微分方程中出现的未知函数只含有一个自变量,则这个方程就叫作常微分方程。

### 2. 常微分方程的性质

一般来说,常微分方程的解通常含有一个或多个任意常数,解中含有的任意常数的个数叫作方程的阶数,而这种解叫作常微分方程的通解。在实际应用中,能够求出通解的情况并不多见。如果根据实际问题求出满足某种指定条件的解,那么求这种解的问题叫作定解问题,而满足定解条件的解叫作特解。

常微分方程具有存在性和唯一性。如果没有解,又要求求解,那是没有意义的;如果有解又不唯一,那又不好确定。因此,存在性和唯一性对常微分方程的求解十分重要。大部分的方程所求出来的解并不十分精确,只能得到近似解,但是精度较高,能够满足工程实际应用。

## 2.6.2　常微分方程的数值解

飞行器运动的微分方程组的一般形式为

$$\left.\begin{aligned}
\frac{\mathrm{d}x_1}{\mathrm{d}t} &= f_1(t,x_1,x_2,\cdots,x_n) \\
\frac{\mathrm{d}x_2}{\mathrm{d}t} &= f_2(t,x_1,x_2,\cdots,x_n) \\
&\cdots\cdots \\
\frac{\mathrm{d}x_n}{\mathrm{d}t} &= f_n(t,x_1,x_2,\cdots,x_n)
\end{aligned}\right\} \tag{2.110}$$

令状态矢量 $\boldsymbol{x}$（严格地应称为"状态列阵"或"状态数组"）为

$$\boldsymbol{x} = \begin{bmatrix} x_1 & x_2 & \cdots & x_n \end{bmatrix}^{\mathrm{T}} \tag{2.111}$$

则方程组式(2.110)可以写成如下形式：

$$\frac{\mathrm{d}\boldsymbol{x}}{\mathrm{d}t} = f(t,\boldsymbol{x}) \tag{2.112}$$

由于微分方程组的解算方法与单个微分方程的解算方法在形式上完全一样，所以为了简单起见，以下针对单个微分方程来介绍算法，其结果可以直接推广到微分方程组。

设单个微分方程及其初始条件为

$$\left.\begin{array}{l} \dfrac{\mathrm{d}\boldsymbol{x}}{\mathrm{d}t} = f(t,\boldsymbol{x}) \\[2mm] \boldsymbol{x}(t_0) = x_0 \end{array}\right\} \tag{2.113}$$

数值求解，就是要对离散化的自变量 $t_0,t_1,\cdots,t_i,t_{i+1},\cdots$，求出相对应状态 $x_0$，$x_1,\cdots,x_i,x_{i+1},\cdots$ 的值。一般 $x_{i+1}$ 与 $x_i$ 的关系为

$$x_{i+1} = x_i + \int_{t_i}^{t_{i+1}} f(t,\boldsymbol{x})\mathrm{d}t \tag{2.114}$$

但由于函数关系 $\boldsymbol{x}(t)$ 并不是已知的，所以这并不是简单的数值积分问题。原则上有两类数值求解方法来求解常微分方程，分别是单步法和多步法。

**1. 单步法**

只要已知在 $t_i$ 时的 $x_i$，就可以计算出在 $t_{i+1}$ 时的 $x_{i+1}$。因此只要有初始条件 $(t_0,x_0)$，就可以一步一步地求出整个过程 $\boldsymbol{x}(t)$。而且步长 $\Delta t_i = h$ 可以根据精度要求和函数的性状而变化。

单步法中最常用的是标准四阶 Runge-Kutta（龙格-库塔）法。它的计算公式如下：

$$\left.\begin{array}{l} x_{i+1} = x_i + \dfrac{h}{6}(k_1 + 2k_2 + 2k_3 + k_4) \\[2mm] k_1 = f(t_i,x_i) \\[2mm] k_2 = f(t_i + h/2, x_i + hk_1/2) \\[2mm] k_3 = f(t_i + h/2, x_i + hk_2/2) \\[2mm] k_4 = f(t_i + h, x_i + hk_3) \end{array}\right\} \tag{2.115}$$

当精度要求更高时，可采用更高阶 Runge-Kutta 法，例如 8 阶 Runge-Kutta-Fehlberg 法。

**2. 多步法**

已知 $s$ 个等间隔的时刻 $t_{i-s+1},t_{i-s+2},\cdots,t_i$ 的对应值 $x_{i-s+1},x_{i-s+2},\cdots,x_i$，典型的多步法是四阶 Adams 方法，其算法公式为

$$x_{i+1} = x_i + \frac{h}{24}(55f_i - 59f_{i-1} + 37f_{i-2} - 9f_{i-3}) \tag{2.116}$$

式中

$$f_{i-k} = f(t_{i-k}, x_{i-k}) \quad (k=0,1,2,3) \tag{2.117}$$

更好的是预报-校正法,即先按上述公式求出 $x_{i-k}$ 作为预报值(以上标 $p$ 表示),并计算函数值 $f_{i+1}$,然后再进行校正。此方法的算法公式为

$$\left. \begin{aligned} x_{i+1}^p &= x_i + \frac{h}{24}(55f_i - 59f_{i-1} + 37f_{i-2} - 9f_{i-3}) \\ f_{i+1}^p &= f(t_{i+1}, x_{i+1}^p) \\ x_{i+1} &= x_i + \frac{h}{24}(9f_{i+1}^p + 19f_i - 5f_{i-1} + f_{i-2}) \end{aligned} \right\} \tag{2.118}$$

式中

$$f_{i-k} = f(t_{i-k}, x_{i-k}) \quad (k=0,1,2,3) \tag{2.119}$$

多步法的优点是具有较高的精度。其缺点:① 不能自行启动,而需要用单步法(例如 Runge – Kutta 法)得到最初的几步(在四阶 Adams 法的情况下,需要得到 $f_0, f_1, f_2, f_3$),然后才能正常运行;② 当遇到控制量突变(例如开关式控制)时又必须重新启动,因此它不适宜于有控制突变的情况。因此,虽然多步法对于解决天体力学问题来说是很有效的方法,但对于可控制的飞行器的运动来说不是好的方法。

# 2.7　飞行动力学建模中的配平

飞行仿真模型可以看作是一个非线性时不变系统,如果存在一组控制量可以使得系统某些状态量对时间的微分保持恒不变,则此状态就是某种条件下的配平状态,寻找此状态下的控制量就是配平飞行仿真模型。因为飞行训练通常要从一个状态平衡点上开始,所以配平飞行仿真模型在训练用飞行模拟器中是一项必须实现的功能。在飞行模拟器启动过程中,在设置各种条件下的飞行训练科目前或者需要对飞行模拟器进行自动测试时都要首先完成对整个飞行仿真模型的配平工作。能否高效率地搜索到给定条件下动力学模型的平衡点更是直接关系到一台飞行模拟器的性能。因此,有必要在此介绍一下飞行动力学建模中的配平问题。

### 2.7.1　飞机平衡状态的配平

飞行仿真的状态方程可以表示为隐式形式:

$$f(\dot{x}, x, u) = 0 \tag{2.120}$$

式中　　$u$——飞行仿真系统输入量的集合,$u = [u_1 \quad u_2 \quad \cdots \quad u_m]^T$。

　　　　$x$——飞行仿真系统状态变量的集合,$x = [x_1 \quad x_2 \quad \cdots \quad x_n]^T$。

　　　　$f$——非线性方程的集合,$f = [f_1 \quad f_2 \quad \cdots \quad f_l]^T$。

按照动力学和运动学的概念可以将状态量分为两类:

$$x = [x_d^T, \quad x_k^T]^T \tag{2.121}$$

当飞行动力学方程在体坐标系下表示时

$$\left. \begin{aligned} x_d &= [u \quad v \quad w \quad p \quad q \quad r]^T \\ x_k &= [x_c \quad y_c \quad z_c \quad \varphi \quad \theta \quad \psi]^T \end{aligned} \right\} \tag{2.122}$$

式中　$(u, v, w)$——飞机线速度在机体坐标系中的分量(m/s);

　　　$(p, q, r)$——飞机角速度在机体坐标系中的分量(rad/s);

　$(x_c, y_c, z_c)$——地面坐标系下的飞机位置(m);

　　　$(\varphi, \theta, \psi)$——欧拉角(°)。

而输入量 $u$ 对于不同的飞机是不同的,一般情况下,需要的最少输入量为

$$u = [\delta_T \quad \delta_e \quad \delta_a \quad \delta_r]^T \tag{2.123}$$

式中　　$\delta_T$—— 油门杆位置(无量纲),范围[0,1];

　　　　$\delta_e$—— 升降舵偏角(°);

　　　　$\delta_a$—— 副翼偏角(°);

　　　　$\delta_r$—— 方向舵偏角(°)。

系统平衡点又称配平点,在非线性系统理论中是一个重要的概念。在一个时不变系统中,若存在特殊的状态量

$$f(0, x_{eq}, u_{eq}) = 0 \tag{2.124}$$

并且　　　　　　　　　　$\dot{x}_{eq} \equiv 0, \quad u_{eq} = u_0$

式(2.124)定义了使得系统保持稳态的控制量 $u_{eq}$,此时系统所有的状态量对时间的微分 $\dot{x}_{eq} \equiv 0$。对于飞行仿真的配平问题,只要求飞机状态量中的动力学相关部分 $x_d$ 对时间的微分恒等于 0,而运动学相关部分 $x_k$ 则并不一定需要满足这个条件。例如,$\dot{x}_c$ 和 $\dot{y}_c$ 除非在飞机停留在地面或垂直运动时才等于 0。在另外的配平条件下,欧拉角对时间的微分则可能完全或者部分等于 0。

在飞行模拟中,稳态飞行时所有的"运动量"要么为常数要么为 0。也就是说,线速度和角速度要么为常数要么为 0,而所有的加速度值则全部为 0。配平状态下的飞行包括了所有方向上的水平飞行、高度保持下的协调转弯。若忽略大气密度随高度的改变,保持机翼水平的匀速爬升和匀角速度爬升都可认为是配平状态下的飞行。由于地面坐标系下的位置$(x_c, y_c, z_c)$与运动学方程无耦合关系,所以是配平过程中的无关量,记为$(x_E, y_E, z_E)$。一般情况下的配平状态见表 2.2。

**表 2.2　配平时的飞机状态**

| 名称 | 状态 |
|---|---|
| 加速度 | $\dot{u},\dot{v},\dot{w}$ 或 $\dot{V},\dot{\alpha},\dot{\beta}\equiv 0$，且 $\dot{p},\dot{q},\dot{r}$ 或 $\dot{p}_w,\dot{q}_w,\dot{r}_w\equiv 0$<br>（角加速度在气流坐标系下的分量） |
| 线速度 | $u,v,w$ 或 $V,\alpha,\beta$ 等于给定的常值 |
| 角速度 | $p,q,r$ 或 $p_w,q_w,r_w$（角速度在气流坐标系下的分量）等于给定常值 |
| 控制量 | $\delta_t,\delta_r,\delta_a,\delta_e$ 等于合适的值 |

配平条件（配平状态下需要满足的条件）$\dot{p},\dot{q},\dot{r}\equiv 0$ 需要角速度为 0 或常数（协调转弯时），因此空气动力和推力的力矩之和必须为 0 或常数。同样，配平条件 $\dot{u},\dot{v},\dot{w}\equiv 0$ 需要空速、迎角和侧滑角为常数，因此气动力必须为常数。

虽然驾驶飞机处于配平状态对于飞行员来说并不困难，但配平飞行仿真数学模型却需要对非线性方程进行求解，因此一般只能利用数值方法在计算机上进行，且结果可能并不唯一，但仅会有一个符合实际情况的结果。

根据上面的分析，配平一种飞行条件（寻找一种飞行条件下的配平状态），一般需要三个步骤：

（1）给定期望的飞行路线，并为某些状态量（例如 $V,h,\dot{h},\dot{\psi}$ 等）和某些控制量赋值（例如配平一架副翼出现故障而无法操作的飞机时，$\delta_a=0$）。

（2）根据飞行动力学方程和特定情况下需要满足的方程对状态量和控制量之间的关系进行约束。

（3）求解由下式表示的飞行仿真系统中的未知量：

$$f(\boldsymbol{x},\boldsymbol{u})=0 \tag{2.125}$$

式（2.125）提供了保证稳定飞行的未知控制量和状态量的信息。人们希望根据式（2.125），在指定了一系列状态量和控制量 $\xi_1$ 并约束了另一系列的变量 $\xi_2$ 之后，求解剩余的变量 $\xi$。表示为

$$\xi_1,\xi_2\subset\{\boldsymbol{x},\boldsymbol{u}\}\Rightarrow\xi=\{\boldsymbol{x},\boldsymbol{u}\}-\{\xi_1,\xi_2\} \tag{2.126}$$

$\xi$ 的维数由期望的配平条件和飞机的配置及其控制量的数量决定。定义 $\xi$ 为配平控制量，则式（2.125）可以表示为

$$f(\xi)=0 \tag{2.127}$$

McFarland 针对配平问题指出，如果类似于式（2.127）的系统包含的方程数多于控制量数，则称为"超定的"；若相等，则为"恰定的"；而若小于控制量数，称为"欠定的"。在此考虑一种特殊的情况来说明需要面对的问题。假设飞机沿直线稳定飞行，指定速度为 $V$，高度为 $h$，航迹倾斜角为 $\vartheta$，航迹偏航角为 $\psi_s$，不指定飞机姿

态和控制舵面的偏角。则有如下初始条件

$$\xi_1 = [V \quad z_E \quad \dot{z}_E = 0 \quad \vartheta \quad \psi_s]$$ (2.128)

根据直线平飞的条件，由于已经指定了质心的地速矢量 $V$，

$$\xi_2 = [p = 0 \quad q = 0 \quad r = 0]$$ (2.129)

并根据飞行条件得出角速度为 0。为了保证飞行动力学模型能够适合期望的配平条件，就需要找到正确的飞机姿态、控制面偏角和发动机推力，有如下的配平控制量为

$$\xi = [\varphi \quad \theta \quad \psi \quad \delta_T \quad \delta_e \quad \delta_a \quad \delta_r]$$ (2.130)

由式(2.130)可知，此配平问题为欠定的，因为控制量 $\xi$ 含有 7 个变量，而平衡方程式(2.127)仅有 6 个，此 6 个方程为 6 个自由度的力和力矩平衡方程，这也就意味着有不止一组 $\xi$ 满足给定的问题。

如果增加一个条件，令飞机保持平飞，即 $\varphi = 0$。这样就减少了 $\xi$ 的元素数而使得方程式(2.127)为给定的。

McFarland 提出了一种基于变分求解配平问题的方法。该方法不通过推导式(2.127)的解析式，而是通过构造代价函数，采用最优化的方法在 $\xi$ 有边界的空间中寻找使代价函数值最小的 $\xi$。

### 2.7.2 配平算法及其验证

**1. 配平算法**

飞行动力学模型传统的配平方法一般都着眼于研究飞行控制律，首先构造配平状态量的代数式作为代价函数，然后求出代价函数对控制量的偏微分，最后利用基于优化的方法找到令代价函数达到极小值时的控制量作为配平控制量。

为了寻找配平条件，需要使用最优化方法通过改变控制输入和某些状态量来使得代价函数为 0。通常定义代价函数非负，而当飞机配平时，代价函数值为 0。

代价函数一般写为二次平方和的形式，例如

$$J = \dot{u}^2 + \dot{v}^2 + \dot{w}^2 + \dot{p}^2 + \dot{q}^2 + \dot{r}^2$$ (2.131)

或更一般的形式

$$J = \dot{x}_d W \dot{x}_k$$ (2.132)

式中 $W$ 为对称、正定权重矩阵。

权重 $W$ 的引入是为了使得各个被加项有相同的量级，避免因单位制的不统一而降低某些项的影响力。

代价函数 $J$ 与动力学、运动学状态和控制输入相关，因此可以表示为

$J(x_d \quad x_k \quad u)$。由于一部分自变量在配平问题中是定值,而变化的只有配平控制量 $\xi$,所以代价函数可以表示为 $J(\xi)$。在有界控制量和有约束飞行轨迹下使 $J(\xi)$ 最小化的状态即为配平状态。

但在不同情况下配平控制量 $\xi$ 也是不同的,而且状态量之间的约束条件也是不同的,这就需要针对不同的情况进行具体的分析。

**2. 算例说明**

常见的是配平飞机的定直平飞状态。这里以定直平飞状态为例,对某型飞机进行运动配平。首先要保证飞机匀速直线平飞,则飞机所受到的合力和合力矩全为零。由于在此稳态下无滚转,即飞机无非对称的运动(侧力、偏航力矩、滚转力矩为零),其侧滑角、副翼、方向舵偏角均为 0,忽略横侧向的动力学方程 $\dot{\beta},\dot{p},\dot{r}$,有

$$\left.\begin{aligned} h &= h_0 \\ V_0 &= \sqrt{u^2 + w^2} \\ u &= \frac{V_0}{\sqrt{1 + \tan^2\alpha}} \\ \theta &= \alpha, v = \beta = p = q = r = \varphi = 0 \end{aligned}\right\} \quad (2.133)$$

只考虑纵向对称面的受力情况,即飞机受到重力 $G$,升力 $L$,阻力 $D$,发动机推力 $T$,以及俯仰力矩 $M$。则飞机的力及力矩平衡方程为

$$\left.\begin{aligned} F_T\cos(\alpha + \varphi_T) - D - G\sin\gamma &= 0 \\ F_T\sin(\alpha + \varphi_T) + L - G\cos\gamma &= 0 \\ M = M^a + F_T z_T &= 0 \end{aligned}\right\} \quad (2.134)$$

式中　$M^a$—— 空气动力俯仰力矩;

　　　$z_T$—— 推力在俯仰方向上的偏距。

由式(2.134)可知当飞机处于某一飞行状态(高度 $h_0$、速度 $V_0$ 一定)时,飞机的纵向力与力矩大小与飞机迎角 $\alpha$、升降舵 $\delta_e$ 和推力 $F_T$(或油门杆位置 $\delta_p$)有关,因此,飞机的配平问题可以描述为求解带约束(舵面偏转限制、迎角限制)的三个变量 $\alpha$,$\delta_e$ 和 $\delta_p$ 值,使得飞机受到的合力和合力矩最小(趋于零),即带约束的最小值问题,其优化代价函数一般可以表示为加速度的加权形式:

$$J = w_1\dot{V}_a^2 + w_2\dot{\alpha}^2 + w_3\dot{\beta}^2 + w_4\dot{p}^2 + w_5\dot{q}^2 + w_6\dot{r}^2 \quad (2.135)$$

对于纵向运动,代价函数为

$$J = w_1\dot{V}_a^2 + w_2\dot{\alpha}^2 + w_5\dot{q}^2 \quad (2.136)$$

或为

$$J = w_1\dot{u}^2 + w_2\dot{w}^2 + w_5\dot{q}^2 \quad (2.137)$$

式中　　$w_i$ 为加权矩阵参数或数值。

式(2.137)中的 $\dot{u},\dot{w},\dot{q}$ 为飞机的非线性纵向动力学微分方程,可通过 Runge-Kutta 法进行数值积分求解,也可以通过调用 Matlab 中的数值积分函数 ode23 或 ode45 数值积分函数求解微分方程,于是定直平飞(配平)条件的获取即为解式(2.134),可得

$$\alpha = \{[mg\cos\gamma - F_T\sin(\alpha + \varphi_T)]/\bar{q}S - C_L\}/C_{L\alpha} \tag{2.138}$$

$$F_T = (C_D\bar{q}S + mg\sin\gamma)/\cos(\alpha + \varphi_T) \tag{2.139}$$

$$\delta_e = F_T z_T/\bar{q}S\bar{c} - C_m/C_{m\delta_e} \tag{2.140}$$

选取(或猜测)初始的 $\alpha_0, F_{T0}, \delta_{e0}$,航迹俯仰角 $\gamma$ 为常值不变,根据式(2.138)求解 $\alpha_1$,将 $\alpha_1$ 代入式(2.139)求解 $F_{T1}$,在将 $F_{T1}$ 代入式(2.140)求解 $\delta_{e1}$,重复上述 $\alpha \rightarrow F_T \rightarrow \delta_e$ 过程,直到参数和优化代价函数收敛。上述问题可以通过 Matlab 优化函数 fmincon,fminsearch 或 trim 等求解。

这里选取飞行的高度为 2 000 m,飞行的速度为 120 m/s 的飞行状态,根据前面介绍的方法进行配平,其中针对式(2.136)的代价函数取权重系数为 $w_1 = 2$,$w_2 = 10, w_5 = 10$。通过反复迭代优化参数,最终可以得到配平控制量为 $\delta_T = 0.152\,98, \delta_e = -2.876\,5°, \alpha = \theta = 5.866\,1°, \delta_a = \delta_r = \beta = p = q = r = \varphi = \psi = 0$。

代价函数的值最终收敛到极小值 $4.411\,9 \times 10^{-22}$。飞机配平过程中各状态参数的变化曲线,如图 2.2~图 2.5 所示。

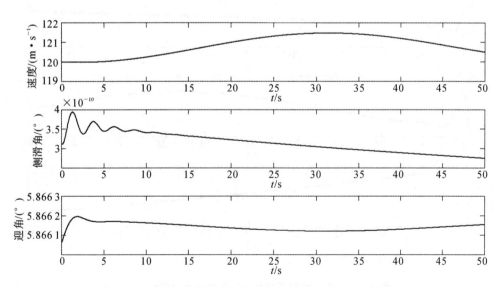

图 2.2　某型飞机配平过程中速度、侧滑角、迎角的变化曲线

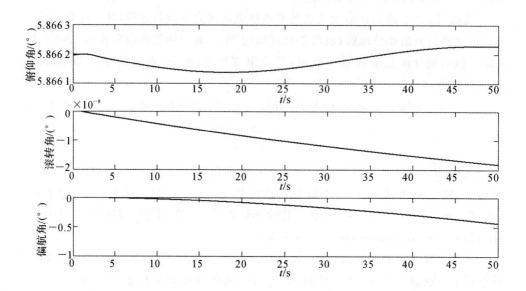

图 2.3　某型飞机配平过程中姿态角的变化曲线

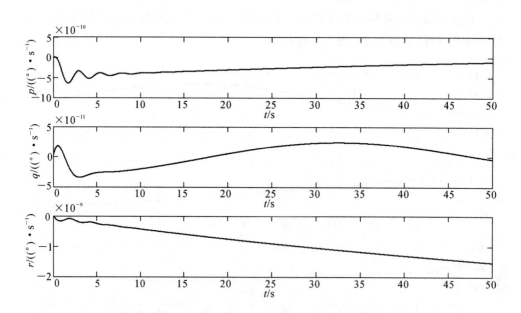

图 2.4　某型飞机配平过程中姿态角速率的变化曲线

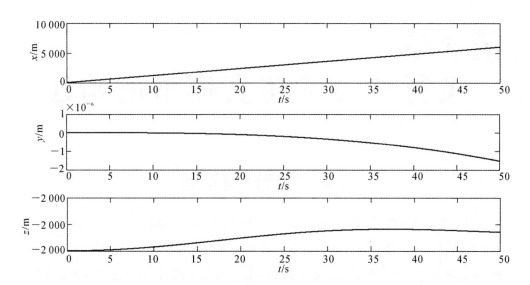

图 2.5　某型飞机配平过程中位置坐标的变化曲线

从以上的配平结果来看,配平值满足了飞机保持在定直平飞状态的条件,配平的效果较为理想,说明了所采用的配平方法的有效性。

# 第3章
# 飞行动力学仿真模型的构建

## 3.1 飞行建模原理

建立飞行动力学模型是飞行仿真的基础和前提,动力学模型的精度直接决定了仿真的可信度。建立飞行动力学模型的基础是原始数据,原始数据必须准确可靠,仿真效果才有可靠的保证。建立的数学模型必须经过调试,通过与真实系统响应特性和数据的比较来进行验模、修模和健全完善模型,模拟飞机在地面和空中的运动规律和操纵品质,获得预期的仿真目标。由于飞机是一个非常复杂的系统,涉及的参数较多,而现代飞机的机型变化较大,在研制其仿真系统时,某些参数很难获得,给建立数学模型增加了许多困难。

同时随着计算机性能的提升和仿真技术的发展,飞行仿真对飞机飞行性能的复现越来越逼真,考虑的影响因素也越来越多,如风切变、紊流、结冰等外部因素。这些影响因素只体现在飞机的运动方程中,如飞机所受到的外部力与力矩、飞机质量、惯量和重心位置等。因此,如何运用飞行建模技术准确模拟飞机的动力学特性是值得深入研究的问题。

由于诸多空气动力学中基本推导公式已经成为常识,可以直接用于飞机的动力学建模。本章重点讲述飞机动力学的基础公式,用于动力学建模,目的是要读者了解如何应用空气动力学和飞行动力学的基本原理开发出能够准确体现飞机性能的仿真模型。在飞行动力学建模的过程中,可以做如下假设:

(1)飞机是刚体,在其运动过程中质量保持不变;

(2)地坐标为惯性坐标,视地球表面为平面;

(3)不计地球自转和公转运动的影响;

(4)重力加速度不随飞行高度的变化而变化;

(5)机体坐标系的 $xOz$ 平面为飞机几何形状和质量的对称平面。

## 3.2  气动导数、气动力和气动力矩建模

飞机在空中主要受空气动力、发动机推力及重力的作用。气动力数学模型主要完成飞机空气动力特性的仿真,即计算飞机的气动导数、气动系数、气动力和力矩。气动模型又分为气动导数计算模块、横侧气动系数计算模块、纵向气动系数计算模块和气动力、力矩计算模块,各子模块之间的关系如图 3.1 所示。其中气动导数计算模块和气动力、力矩计算模块是通用模块,而横侧气动系数计算模块和纵向气动系数计算模块的数学模型则需要根据不同机型而定。

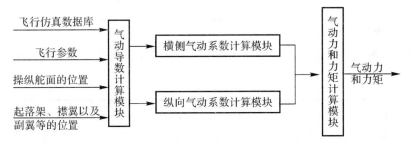

图 3.1  气动力和力矩计算流程图

书中所建立的气动模块应用来自飞行系统内部的反馈信息即迎角、马赫数、侧滑角、飞机质量和重心、高度以及角速度无因次量等飞行参数和由操纵系统提供的操纵舵面位置、起落架位置、襟翼和副翼位置等,在"气动导数计算模块"首先将相关的气动原始数据读入计算机内存,然后按三次样条插值算法进行气动导数的计算;在"横侧气动系数计算模块"计算稳定轴上的侧力系数 $C_Y$,偏航力矩系数 $C_n$ 和滚转力矩系数 $C_l$,最后计算出机体轴上的气动侧力 $F_{YB}$,偏航力矩 $N$ 和滚转力矩 $L$,并输出到运动方程模块;在"纵向气动系数计算模块"计算稳定轴上的升力系数 $C_L$,阻力系数 $C_D$ 和俯仰力矩系数 $C_m$,最后计算出机体轴上的升力 $F_{ZB}$ 阻力 $F_{XB}$ 和俯仰力矩 $M$,输出到运动方程模块。气动模块的准确性直接关系到整个动力学系统的逼真度。

### 3.2.1  气动数据的来源与要求

飞机气动数据源于某型机的全机测力风洞试验。各项气动参数的符号说明见附录表 2。

试验数据精度是以重复性测量所得的气动系数的均方根误差表示的;而同期试验精度是指同一模型在同一期试验、同一试验状态、同一速压下,经非连续试验多次后,其测量值的均方根误差。

GJB 1061—1991 中规定了低速风洞测力试验精度指标。书中所使用的数据试验精度见表 3.1。可以看出,某型机(1∶15)无动力模型风洞试验所得到的各气动参数精度,均满足合格或先进指标的要求。

表 3.1　风洞测力试验精度

| 范　围 | $\alpha_{\mathrm{w}}=-2°\sim12°,\beta=0°$ | | | $\beta=-9°\sim9°,\alpha_{\mathrm{B}}=4°$ | | |
|---|---|---|---|---|---|---|
| 均方根误差 | $\sigma_{C_L}$ | $\sigma_{C_D}$ | $\sigma_{C_m}$ | $\sigma_{C_Y}$ | $\sigma_{C_n}$ | $\sigma_{C_l}$ |
| 本次试验 | 0.000 2 | 0.000 07 | 0.000 4 | 0.000 3 | 0.000 07 | 0.000 5 |
| 合格指标 | 0.004 0 | 0.000 5 | 0.001 2 | 0.001 2 | 0.000 5 | 0.000 5 |
| 先进指标 | 0.001 0 | 0.000 2 | 0.000 3 | 0.000 3 | 0.000 1 | 0.000 1 |

图 3.2 所示为全机的空中状态极曲线,其他气动参数曲线由于篇幅限制不便在书中给出。

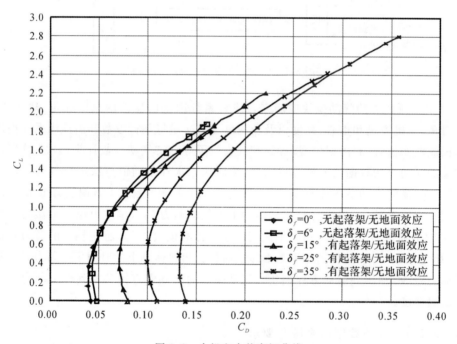

图 3.2　全机空中状态极曲线

### 3.2.2　气动力和气动力矩的计算

飞机在复杂气流中飞行所受到的气动力和气动力矩与平静大气中飞行类型相同。以体轴系为基准,气动力为阻力、侧力和升力;气动力矩为滚转力矩、俯仰力矩和偏航力矩。

计算公式为

$$\left.\begin{array}{l} L = \bar{q}SC_L \\ D = \bar{q}SC_D \\ Y = \bar{q}SC_Y \\ \bar{L} = \bar{q}SbC_l \\ \bar{M} = \bar{q}S\bar{c}C_m \\ \bar{N} = \bar{q}SbC_n \end{array}\right\} \tag{3.1}$$

式中　　　$\bar{q}$ —— 动压；$\bar{q} = 0.5\rho V_t^2$，$V_t$ 是飞机空速；

$\rho$ —— 空气密度；

$S$ —— 飞机的机翼面积；

$b$ —— 机翼展长；

$\bar{c}$ —— 飞机机翼的平均气动弦长；

$C_L, C_D, C_Y$ —— 体轴系内飞机的升力、阻力和侧力系数；

$C_m, C_l, C_n$ —— 飞机的俯仰、滚转和偏航力矩系数。

**1. 升力系数**

升力是由于机翼上下表面的空气流速不一样而形成的。产生升力的飞机部件主要有机翼和平尾，机身几乎不产生升力，只有在大迎角飞行时才产生小部分升力。升力系数是升力的无量纲形式。通常升力系数 $C_L$ 是迎角、马赫数、襟翼偏角、发动机工作状态、飞行高度、洗流时差、俯仰角速度和升降舵偏角等参数的函数，可表示成如下形式：

$$C_L = C_L(\alpha, Ma, \eta_k, C_f, H, \dot{\alpha}, q, \delta_e) \tag{3.2}$$

在实时仿真中，由于迎角及升降舵偏角对升力的贡献最大，所以使用下式简化计算升力系数：

$$C_L \approx C_L(a, \delta_e) = C_L^\alpha(\alpha - \alpha_0) + C_L^\delta \delta_e \tag{3.3}$$

**2. 阻力系数**

飞机在大气中飞行时或者由于空气黏性产生阻力，或者由于流体压缩性影响出现激波产生阻力。阻力的无量纲形式为阻力系数。阻力系数 $C_D$ 通常是迎角、马赫数、襟翼、侧滑角、副翼和方向舵偏转角、发动机工作状态、发动机停车后的螺旋桨工作状态、地面效应以及起落架收放等参数的函数。实时仿真中，通常使用下式计算阻力系数：

$$C_D = C_{D0} + AC_L^2 \tag{3.4}$$

式中　　$C_{D0}$ —— 零升阻力系数；

$A$—— 诱导阻力因子。

**3. 侧力系数**

由于飞机外形沿机体坐标系纵向 $xOz$ 平面对称,因此只有在不对称气流作用时才会产生侧力。即在带侧滑飞行时、方向舵偏转时、绕 $Ox$ 轴滚转时,或绕 $Oz$ 轴偏航时才会引起侧力。侧力系数是侧力的无量纲形式。侧力系数 $C_Y$ 通常是侧滑角、发动机工作状态、方向舵偏转角、滚转角速度和偏航角速度等参数的函数。实时仿真中,通常使用下式计算侧力系数:

$$C_Y = C_Y^\beta \beta + C_Y^{\delta_a} \delta_a + C_Y^{\delta_r} \delta_r + \frac{b}{2V_t}(C_Y^p p + C_Y^r r) \tag{3.5}$$

式中    $C_Y^\beta$ —— 侧力导数;

$C_Y^{\delta_a}$ —— 副翼侧力导数;

$C_Y^{\delta_r}$ —— 方向舵侧力导数;

$C_Y^p$ —— 侧力对滚转角速度的导数;

$C_Y^r$ —— 侧力对偏航角速度的导数。

**4. 俯仰力矩系数**

俯仰力矩系数是俯仰力矩的无量纲形式。俯仰力矩系数 $C_m$ 通常是迎角、马赫数、发动机工作状态、升降舵偏转角、俯仰角速度、洗流时差、襟翼偏转角和起落架收放状态等参数的函数。

**5. 滚转力矩系数**

滚转力矩系数是滚转力矩的无量纲形式。滚转力矩系数 $C_l$ 通常是迎角、侧滑角、滚转角速度、偏航角速度、发动机工作状态、副翼和方向舵偏转角等参数的函数。

**6. 偏航力矩系数**

偏航力矩系数是偏航力矩的无量纲形式。偏航力矩系数 $C_n$ 通常是侧滑角、发动机工作状态、发动机螺旋桨工作状态、偏航角速度、滚转角速度、副翼和方向舵偏转角等参数的函数。

$C_m$,$C_l$,$C_n$ 可由下式求出:

$$\left.\begin{array}{l} C_m = C_{m0} + C_m^\alpha \alpha + C_m^{\delta_e^*} \delta_e + \dfrac{c}{2V_t}(C_m^q q + C_m^{\dot\alpha} \dot\alpha) \\[2mm] C_l = C_l^{\beta^*} \beta + C_l^{\delta_a^*} \delta_a + C_l^{\delta_r^*} \delta_r + \dfrac{b}{2V_t}(C_l^p p + C_l^r r) \\[2mm] C_n = C_n^{\beta^*} \beta + C_n^{\delta_a^*} \delta_a + C_n^{\delta_r^*} \delta_r + \dfrac{b}{2V_t}(C_n^p p + C_n^r r) \end{array}\right\} \tag{3.6}$$

式中       $\alpha_0$——飞机的零升力迎角；

         $b$——飞机翼展长；

$\delta_e,\delta_r,\delta_a$——升降舵、方向舵和副翼偏角；

         $A$——诱导阻力因子；

         $C_*^*$——各气动导数，具体含义见附录表2。

根据各气动导数的二维或是三维的插值表，在飞行仿真中，基于具体飞行的状态进行插值得到该状态下的气动导数。

### 3.2.3   气动数据的预处理方法

实际使用中，各个气动导数均需要预处理，本书给出的所有力矩参数的参考重心均为某型飞机 $25\%C_A$，即位于飞机对称平面，$Y_C$ 设为距离机身构造水平线高度，$X_C$ 设为相对于机身 25 框的距离。因此具体使用时应按实际重心位置 $(X^*, Y^*)$ 对部分力矩参数进行转换，公式如下：

$$C_m^{C_L^*} = C_m^{C_L} + f(X^*, Y^*) - f(X_c, Y_c) \tag{3.7}$$

$$C_m^{\delta_e^*} = C_m^{\delta_e} + C_L^{\delta_e}\left[f(X^*, Y^*) - f(X_c, Y_c)\right] \tag{3.8}$$

$$C_n^{\beta^*} = C_n^{\beta} + C_Y^{\beta}(X^* - X_c)/b \tag{3.9}$$

$$C_l^{\beta^*} = C_l^{\beta} + C_Y^{\beta}(Y^* - Y_c)/b \tag{3.10}$$

$$C_n^{\delta_r^*} = C_n^{\delta_r} + C_Y^{\delta_r}(X^* - X_c)/b \tag{3.11}$$

$$C_l^{\delta_r^*} = C_l^{\delta_r} + C_Y^{\delta_r}(Y^* - Y_c)/b \tag{3.12}$$

式中    $f(X,Y)$ 为重心坐标在机翼平均气动弦内投影的百分比位置。

### 3.2.4   外部不规则风场对飞机的气动力和气动力矩的影响

规则风场对方程的影响可以表示成对速度矢量和迎角侧滑角的影响，从而改变了飞机的气动导数，导致飞行状态的变化。紊流则可以表示成速度矢量和角速度矢量的噪波扰动，亦容易计算其对飞行状态的影响。不规则风场（如尾流、微下击暴流等）由于作用在飞机上的气流是非均匀的，故须采用工程上的简化算法。下文以尾流为例说明不规则风场对飞机产生的诱导风分量及诱导风梯度。

尾流对后机产生的诱导风分量及诱导风梯度的计算采用工程上的简化算法，忽略前机尾流对尾翼、襟副翼、设备舱、挂载等结构外形的气动影响。尾流对后机气动力影响的积分范围如图 3.3 所示。

图 3.3 中，从点①到点②、点③到点④、点⑤到点⑥为诱导速度的积分方向，$L_F$ 为机身长度，$b$ 为展长，$D_F$ 为简化后的机身半径，$W_x,W_y,W_z$ 为尾流作用在后机机体各个点上的分量。

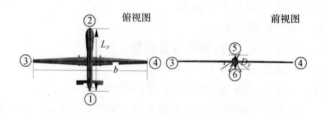

图 3.3　尾流对后机气动力影响的积分范围

　　尾流对后机的诱导速度分量 $u_{xe}$，$v_{ye}$，$w_{ze}$ 是从 $W_x$，$W_y$，$W_z$ 沿如图 3.3 所示的积分方向进行积分后取平均值得到的(公式(3.13) ～ 公式(3.15))。

　　而这些积分平均值由于大小的不同，相对于飞机质心产生力矩增量，引起了飞机姿态的变化，也就是诱导风梯度。

$$u_{xe} = (W_{x1} + W_{x2} + W_{x3} + W_{x4})/4 =$$
$$\frac{1}{b/2}\int_{y=-b/2}^{0} f_{xy}(y)W_x \mathrm{d}y/4 + \frac{1}{b/2}\int_{y=0}^{b/2} f_{xy}(y)W_x \mathrm{d}y/4 +$$
$$\frac{1}{D_F/2}\int_{z=-D_F/2}^{0} f_{xz}(z)W_x \mathrm{d}z/4 + \frac{1}{D_F/2}\int_{z=0}^{D_F/2} f_{xz}(z)W_x \mathrm{d}z/4 \qquad (3.13)$$

$$v_{ye} = (W_{y1} + W_{y2} + W_{y3} + W_{y4})/4 =$$
$$\frac{1}{L_F/2}\int_{x=-L_F/4}^{0} f_{y1x}(x)W_y \mathrm{d}x/4 + \frac{1}{L_F/2}\int_{x=0}^{L_F/4} f_{y2x}(x)W_y \mathrm{d}x/4 +$$
$$\frac{1}{D_F/2}\int_{z=-D_F/2}^{0} f_{yz}(z)W_y \mathrm{d}z/4 + \frac{1}{D_F/2}\int_{z=0}^{D_F/2} f_{yz}(z)W_y \mathrm{d}z/4 \qquad (3.14)$$

$$w_{ze} = (W_{z1} + W_{z2} + W_{z3} + W_{z4})/4 =$$
$$\frac{1}{L_F/2}\int_{x=-L_F/4}^{0} f_{z1x}(x)W_z \mathrm{d}x/4 + \frac{1}{L_F/2}\int_{x=0}^{L_F/4} f_{z2x}(x)W_z \mathrm{d}x/4 +$$
$$\frac{1}{b/2}\int_{y=-b/2}^{0} f_{zy}(y)W_z \mathrm{d}y/4 + \frac{1}{b/2}\int_{y=0}^{b/2} f_{zy}(y)W_z \mathrm{d}y/4 \qquad (3.15)$$

风梯度分别如下:

$$\left.\begin{aligned}
\frac{\partial W_x}{\partial y} &= \frac{1}{b/2}(W_{x2} - W_{x1}) \\[4pt]
\frac{\partial W_x}{\partial z} &= \frac{1}{D_F/2}(W_{x4} - W_{x3}) \\[4pt]
\frac{\partial W_y}{\partial x} &= \frac{1}{L_F/2}(W_{y2} - W_{y1}) \\[4pt]
\frac{\partial W_y}{\partial z} &= \frac{1}{D_F/2}(W_{y4} - W_{y3}) \\[4pt]
\frac{\partial W_z}{\partial x} &= \frac{1}{L_F/2}(W_{z2} - W_{z1}) \\[4pt]
\frac{\partial^2 \Omega}{\partial u \partial v},\ \frac{\partial W_z}{\partial y} &= \frac{1}{b/2}(W_{z4} - W_{z3})
\end{aligned}\right\} \qquad (3.16)$$

为了体现诱导风在不同的作用点产生不同的力矩,在计算诱导风梯度时对不同的积分区域选用不同的加权函数。在计算有效风分量时,加权函数值均为1,而在计算风梯度时,本书采用的加权函数数学形式如下:

$$
\left.
\begin{aligned}
f_{xy} &= 1 + \frac{|a\cos\zeta\cos\Lambda|}{3L_F/4} \\
f_{zy} &= 1 + \frac{|a\cos\zeta\cos\Lambda|}{b/2} \\
f_{xz} &= 1 + \frac{|z|}{3L_F/4} \\
f_{yz} &= 1 + \frac{|z|}{b/2}
\end{aligned}
\right\}
\tag{3.17a}
$$

式中　$\zeta$—— 机翼安装角,$\zeta = 0°$;

　　　$\Lambda$—— 机翼后掠角,$\Lambda = 30°$。

$$
\left.
\begin{aligned}
f_{z1x} &= 1 + \frac{|x|}{3L_F/4} \\
f_{z1x} &= 1 + \frac{|x|}{3L_F/4} \\
f_{y1x} &= 1 + \frac{|x|}{3L_F/4}
\end{aligned}
\right\}
\tag{3.17b}
$$

$$
\left.
\begin{aligned}
f_{z2x} &= 1 + \frac{|x|}{3L_F/4} \\
f_{z2x} &= 1 + \frac{|x|}{3L_F/4} \\
f_{y2x} &= 1 + \frac{|x|}{3L_F/4}
\end{aligned}
\right\}
\tag{3.17c}
$$

最终的诱导角速度为

$$
\left.
\begin{aligned}
p_e &= \frac{\partial W_z}{\partial y} - \frac{\partial W_y}{\partial z} \\
q_e &= \frac{\partial W_x}{\partial z} - \frac{\partial W_z}{\partial x} \\
r_e &= \frac{\partial W_y}{\partial x} - \frac{\partial W_x}{\partial y}
\end{aligned}
\right\}
\tag{3.18}
$$

式中　$p_e$—— 滚转诱导角速度;

　　　$q_e$—— 俯仰诱导角速度;

　　　$r_e$—— 偏航诱导角速度。

# 3.3 飞行动力学方程

### 3.3.1 刚体飞机的基本运动方程

飞机的六自由度动力学方程包括质心动力学方程和绕质心转动动力学方程。机体轴系下飞机的质心动力学方程组为

$$\left.\begin{array}{l} \dot{u}=rv-qw-g\sin\theta+\dfrac{1}{m}(F_T+F_x)\\[2mm] \dot{v}=pw-ru+g\sin\varphi\cos\theta+\dfrac{1}{m}F_y\\[2mm] \dot{w}=qu-pv+g\cos\varphi\cos\theta+\dfrac{1}{m}F_z \end{array}\right\} \tag{3.19}$$

式中　$u,v,w$——飞行速度在机体坐标系三轴的分量;

　　　$p,q,r$——机体轴系的滚转角速度、俯仰角速度、偏航角速度;

　　$F_x,F_y,F_z$——气动力合力在机体坐标系三轴的分量;

　　　　$F_T$——发动机推力,沿机体坐标系的 $Ox_b$ 轴方向。

由于气动力建立在气流坐标系下,因此气动力合力在机体坐标系三轴的分量可以表示为

$$\begin{bmatrix} F_x\\ F_y\\ F_z \end{bmatrix}=L_{ba}\begin{bmatrix} -D\\ Y\\ -L \end{bmatrix}=\begin{bmatrix} -D\cos\alpha\cos\beta-Y\cos\alpha\sin\beta+L\sin\alpha\\ -D\sin\beta+Y\cos\beta\\ -D\sin\alpha\cos\beta-Y\sin\alpha\sin\beta-L\cos\alpha \end{bmatrix} \tag{3.20}$$

机体轴系中绕质心转动动力学方程组为

$$\left.\begin{array}{l} \dot{p}=(c_1r+c_2p)q+c_3\overline{L}+c_4\overline{N}\\ \dot{q}=c_5pr-c_6(p^2-r^2)+c_7\overline{M}\\ \dot{r}=(c_8p-c_2r)q+c_4\overline{L}+c_9\overline{N} \end{array}\right\} \tag{3.21}$$

式(3.21)中系数 $c_1 \sim c_9$ 的计算公式见表 3.2。

表 3.2　系数计算公式

| | |
|---|---|
| $c_1=((I_y-I_z)I_z-I_{xz}I_{xz})/\lambda_I$ | $c_6=I_{xz}/I_y$ |
| $c_2=((I_x-I_y+I_z)I_{xz})/\lambda_I$ | $c_7=1/I_y$ |
| $c_3=I_z/\lambda_I$ | $c_8=[I_x(I_x-I_y)+I_{xz}I_{xz}]/\lambda_I$ |
| $c_4=I_{xz}/\lambda_I$ | $c_9=I_x/\lambda_I$ |
| $c_5=(I_z-I_x)/I_y$ | $\lambda_I=I_xI_z-I_{xz}I_{xz}$ |

表中 $I_x$，$I_y$，$I_z$ 为飞机对 $Ox_b$，$Oy_b$ 和 $Oz_b$ 轴的惯性矩，$I_{xz}$ 为飞机对 $Ox_b$ 与 $Oz_b$ 轴的惯性积。由于本书背景飞机机体左右对称，气动外形和质量分布均对称，即机体轴系 $x_bOz_b$ 平面为对称面，故可以认为惯性积 $I_{xy}=I_{yz}=0$。所以有

$$\left.\begin{aligned}
I_x &= \int (y^2+z^2)\mathrm{d}m \\
I_y &= \int (x^2+z^2)\mathrm{d}m \\
I_z &= \int (x^2+y^2)\mathrm{d}m \\
I_{xz} &= \int xz\,\mathrm{d}m
\end{aligned}\right\} \tag{3.22}$$

飞机的运动学方程包括质心运动方程和绕质心转动的运动方程。机体轴系下绕质心转动运动学方程组为

$$\left.\begin{aligned}
\dot{\varphi} &= p + \tan\theta(q\sin\varphi + r\cos\varphi) \\
\dot{\theta} &= q\cos\varphi - r\sin\varphi \\
\dot{\psi} &= \frac{1}{\cos\theta}(q\sin\varphi + r\cos\varphi)
\end{aligned}\right\} \tag{3.23}$$

地面坐标系下质心运动学方程组为

$$\left.\begin{aligned}
\dot{x}_g &= u\cos\psi\cos\theta + v(\cos\psi\sin\theta\sin\varphi - \sin\psi\cos\varphi) + w(\cos\psi\sin\theta\cos\varphi + \sin\psi\sin\varphi) \\
\dot{y}_g &= u\sin\psi\cos\theta + v(\sin\psi\sin\theta\sin\varphi + \cos\psi\cos\varphi) + w(\sin\psi\sin\theta\cos\varphi - \cos\psi\sin\varphi) \\
\dot{z}_g &= -u\sin\theta + v\cos\theta\sin\varphi + w\cos\theta\cos\varphi
\end{aligned}\right\} \tag{3.24}$$

式中 $x_g,y_g,z_g$ 为飞行器在地面坐标系下的位移，该方程组主要表示飞机的运动轨迹的变化。

以上式(3.20)、式(3.21)、式(3.23)、式(3.24)四个方程组就构成了飞机的全量非线性动力学模型。该模型共有12个状态变量，即

$$\boldsymbol{x}_1 = [u \quad v \quad w \quad p \quad q \quad r \quad \varphi \quad \theta \quad \psi \quad x_g \quad y_g \quad z_g]^T$$

在利用这个12个微分方程进行模型仿真时，首先要求出作用在飞机上的合力在机体坐标轴上的分量 $F_x$，$F_y$，$F_z$ 和作用在无人机上的合力矩在机体坐标轴上的分量 $\bar{L}$，$\bar{M}$，$\bar{N}$，然后才能利用微分方程仿真飞机的非线性模型。

除此之外，以下的方程组也是常用的。气流坐标系下的质心动力学方程组为

$$\left.\begin{aligned}
\dot{V}_t &= \frac{1}{m}(-D + F_T\cos\alpha\cos\beta + mg_1) \\
\dot{\alpha} &= q - (p\cos\alpha + r\sin\alpha)\tan\beta - \frac{1}{mV_t\cos\beta}(L + F_T\sin\alpha - mg_3) \\
\dot{\beta} &= p\sin\alpha - r\cos\alpha + \frac{1}{mV_t}(Y - F_T\sin\beta\cos\alpha + mg_2)
\end{aligned}\right\} \tag{3.25}$$

式中　　　$V_t$——飞机的飞行速度；

$g_1$，$g_2$，$g_3$——重力加速度在气流坐标系下的三个分量：

$$\left.\begin{array}{l} g_1 = g(-\cos\alpha\cos\beta\sin\theta + \sin\beta\sin\varphi\cos\theta + \sin\alpha\cos\beta\cos\varphi\cos\theta) \\ g_2 = g(\cos\alpha\sin\beta\sin\theta + \cos\beta\sin\varphi\cos\theta - \sin\alpha\sin\beta\cos\varphi\cos\theta) \\ g_3 = g(\sin\alpha\sin\theta + \cos\alpha\cos\varphi\cos\theta) \end{array}\right\} \quad (3.26)$$

飞行速度 $V_t$ 与机体轴分速度 $u,v,w$ 存在着如下的转换关系：

$$\left.\begin{array}{l} u = V_t\cos\alpha\cos\beta \\ v = V_t\sin\beta \\ w = V_t\sin\alpha\cos\beta \end{array}\right\} \quad (3.27)$$

式(3.25)与式(3.21)、式(3.23)、式(3.24)也可构成飞机全量的非线性动力学模型。该动力学模型的 12 个状态变量为

$$\boldsymbol{x}_2 = \begin{bmatrix} V_t & \alpha & \beta & p & q & r & \varphi & \theta & \psi & x_g & y_g & z_g \end{bmatrix}^{\mathrm{T}}$$

### 3.3.2　基于四元数的飞机运动方程

从式(3.23)中的第三式可以看出,当飞机作大机动时,俯仰角接近 $\pm 90°$ 时,解方程会出现奇异点,此时飞行仿真计算会被迫中断而无法继续进行。为避免奇点的产生,本书基于四元数法构建飞机本体的六自由度运动方程。四元数是基于飞行器在空间的姿态是通过机体轴系相对地面轴系的三个欧拉角 $[\varphi,\quad \theta,\quad \psi]$ 来构建的。四元数与欧拉角的关系如下：

$$\begin{bmatrix} q_0 \\ q_1 \\ q_2 \\ q_3 \end{bmatrix} = \begin{bmatrix} \cos(\varphi/2)\cos(\theta/2)\cos(\psi/2) + \sin(\varphi/2)\sin(\theta/2)\sin(\psi/2) \\ \sin(\varphi/2)\cos(\theta/2)\cos(\psi/2) - \cos(\varphi/2)\sin(\theta/2)\sin(\psi/2) \\ \cos(\varphi/2)\sin(\theta/2)\cos(\psi/2) + \sin(\varphi/2)\cos(\theta/2)\sin(\psi/2) \\ \cos(\varphi/2)\cos(\theta/2)\sin(\psi/2) - \sin(\varphi/2)\sin(\theta/2)\cos(\psi/2) \end{bmatrix} \quad (3.28)$$

四元数之间满足约束条件：

$$q_0^2 + q_1^2 + q_2^2 + q_3^2 = 1 \quad (3.29)$$

通过对四元数表达式(3.28)的各式求导,并考虑欧拉角速率与旋转角速度的关系,构建最终的六自由度全量方程如下：

$$\left.\begin{array}{l} u = V\cos\alpha\cos\beta \\ v = V\sin\beta \\ w = V\sin\alpha\cos\beta \end{array}\right\} \quad (3.30)$$

$$\left.\begin{array}{l} \dot{V} = (u\dot{u} + v\dot{v} + w\dot{w})/V \\ \dot{\beta} = (\dot{v}V - v\dot{V})/(V^2\cos\beta) \\ \dot{\alpha} = (u\dot{w} - w\dot{u})/(u^2 + w^2) \end{array}\right\} \quad (3.31)$$

$$\begin{bmatrix} \dot{q}'_0 \\ \dot{q}'_1 \\ \dot{q}'_2 \\ \dot{q}'_3 \end{bmatrix} = \frac{1}{2} \begin{bmatrix} 0 & -p & -q & -r \\ p & 0 & r & -q \\ q & -r & 0 & p \\ r & q & -p & 0 \end{bmatrix} \begin{bmatrix} q_0 \\ q_1 \\ q_2 \\ q_3 \end{bmatrix} \tag{3.32}$$

由于积分误差,四元数的正交性会遭到破坏,因此在求解方程时,四元数的修正公式如下:

$$dq = q_0 \dot{q}'_0 + q_1 \dot{q}'_1 + q_2 \dot{q}'_2 + q_3 \dot{q}'_3 \tag{3.33}$$

四元数的导数形式最终可写成如下形式:

$$\begin{bmatrix} \dot{q}_0 \\ \dot{q}_1 \\ \dot{q}_2 \\ \dot{q}_3 \end{bmatrix} = \begin{bmatrix} \dot{q}'_0 - dq \cdot q_0 \\ \dot{q}'_1 - dq \cdot q_1 \\ \dot{q}'_2 - dq \cdot q_2 \\ \dot{q}'_3 - dq \cdot q_3 \end{bmatrix} \tag{3.34}$$

$$\dot{u} = rv - qw + \frac{1}{m}(\overline{X} + F_T) + 2(q_1 q_3 - q_0 q_2)g$$

$$\dot{v} = pw - ru + \frac{1}{m}\overline{Y} + 2(q_2 q_3 + q_0 q_1)g \tag{3.35}$$

$$\dot{w} = qu - pv + \frac{1}{m}\overline{Z} + (q_0^2 - q_1^2 - q_2^2 - q_3^2)g$$

$$\dot{p} = (c_1 r + c_2 p)q + c_3 \overline{L} + c_4(\overline{N} + h_E q)$$

$$\dot{q} = c_5 pr - c_6(p^2 - r^2) + c_7(\overline{M} + F_T z_T - h_E r) \tag{3.36}$$

$$\dot{r} = (c_8 p - c_2 r)q + c_4 \overline{L} + c_9(\overline{N} + h_E q)$$

$$\begin{bmatrix} \dot{x}_E \\ \dot{y}_E \\ \dot{z}_E \end{bmatrix} = \frac{1}{2} \begin{bmatrix} q_0^2 + q_1^2 - q_2^2 - q_3^2 & 2(q_1 q_2 - q_0 q_3) & 2(q_1 q_3 + q_0 q_2) \\ 2(q_1 q_2 + q_0 q_3) & q_0^2 - q_1^2 + q_2^2 - q_3^2 & 2(q_2 q_3 - q_0 q_1) \\ 2(q_1 q_3 - q_0 q_2) & 2(q_2 q_3 + q_0 q_1) & q_0^2 - q_1^2 - q_2^2 + q_3^2 \end{bmatrix} \begin{bmatrix} u \\ v \\ w \end{bmatrix}$$
$$\tag{3.37}$$

$$\left. \begin{aligned} \dot{V}_t &= (u\dot{u} + v\dot{v} + w\dot{w})/V_t \\ \dot{\alpha} &= (u\dot{w} - w\dot{u})/(u^2 + w^2) \\ \dot{\beta} &= (\dot{v}V_t - v\dot{V}_t)/(V_t^2 \cos\beta) \end{aligned} \right\} \tag{3.38}$$

速度分量 $u, v, w$ 与角速度 $p, q, r$ 是基于体轴系给出的。$\overline{X}, \overline{Y}, \overline{Z}$ 为气动力在体轴系内的三个分量。$\overline{L}, \overline{M}, \overline{N}$ 为分别为滚转、俯仰、偏航气动力矩。发动机推力 $F_T = f(H, V, T, \delta)$。方程中需说明的参数表达式见表 3.2。

### 3.3.3 飞行器运动方程的线性化

#### 1.飞行器运动方程线性化的一般介绍

前一节导出的高阶的、非线性的飞机基本方程一般只能利用计算机进行数值求解。但是,如果对运动方程进行合理的简化处理,使其能够解析求解而又保证必要的工程精度,也是极有价值的。因为解析解可以直接分析其对飞机动态特性的影响,这往往比数值解更具有普遍意义。在分析飞机稳定性和操纵性时,常将飞行器运动方程进行线性化。

进行方程线性化的目的如下:

(1)研究飞行器的动态特性,即它的稳定性、对控制的响应和对外界干扰的反应。

(2)导出一些关系式,表明飞行器运动的特征量与设计参数(质量惯量参数、空气动力参数)的关系,这些关系式对于飞行器设计具有重要的指导意义。

(3)以线性化的方程为基础可以得到飞行器的传递函数和频率特性。这对于飞行自动控制系统的设计来说是完全必要的,因为飞行器本体是控制系统的控制对象。

对于平面大地条件下飞机运动方程的线性化,也还要加上几个简化假设。

第一,假设大气是平静的,即无风。至于风的作用,把它转化成等效的干扰作用来处理。

第二,假设基准运动是处于平衡状态的对称直线定常飞行。基准运动的参数以下标 0 表示。

第三,假设飞行器受到的扰动是小量。所谓"扰动",可能是由舵面的额外偏转引起的,也可能是由大气扰动引起的。所谓"小量",没有一个绝对的界限。

第四,假设飞行器的运动可以分解成互相不耦合的纵向运动和横侧向运动。

第五,不考虑飞行高度微小变化对气动力的影响。

纵向运动是在基准运动平面,即飞行器对称平面内发生的运动。纵向运动的状态变量有飞行速度 $V$、迎角 $\alpha$、俯仰角 $\theta$、航迹倾角 $\gamma$、俯仰角速度 $q$ 和升降舵偏角 $\delta_e$ 等。

横侧向运动是偏离基准运动平面(即飞行器对称平面)的运动。横侧向运动的状态变量有侧滑角 $\beta$、偏航角 $\psi$、滚转角 $\varphi$、航迹方位角 $\chi$、偏航角速度 $r$、滚转角速度 $p$、方向舵偏角 $\delta_r$ 和副翼偏角 $\delta_a$。

因此,第二假设意味着以下的量为零,即

$$V_{y0}=0, \quad \beta_0=0, \quad \psi_0=0, \quad \varphi_0=0, \quad q_0=0, \quad p_0=0, \quad \chi_0=0, \quad r_0=0$$

$$(3.39)$$

运动方程线性化方法常采用小扰动法。小扰动法的原理:假设原始的基准运动遭到扰动的破坏,使系统的运动参数只发生很小的变化,也就是运动参数偏离基准状态的量为小量,可以略去二阶以上的运动参数变化量。具体描述如下:

设原始方程是 $\dfrac{\mathrm{d}x_i}{\mathrm{d}t}=f_i(x_1,x_2,\cdots,x_n,u_1,u_2,\cdots,u_m)(i=1,2,3,\cdots,n)$,式中

$x_1, x_2, \cdots, x_n$ 是状态变量，$u_1, u_2, \cdots, u_m$ 是控制变量。运动的基本状态是平衡状态，$(x_{10}, x_{20}, \cdots, x_{n0})$ 和平衡配平控制 $(u_{10}, u_{20}, \cdots, u_{m0})$，在此状态附近受到小扰动，状态变量和控制变量成为

$$\left. \begin{aligned} x_i &= x_{i0} + \Delta x_i \quad (i = 1, 2, 3, \cdots, n) \\ u_k &= u_{k0} + \Delta u_k \quad (k = 1, 2, 3, \cdots, m) \end{aligned} \right\} \tag{3.40}$$

运动线性化的结果就是对于 $\Delta x_i$ 的微分方程：

$$\frac{\mathrm{d}\Delta x_i}{\mathrm{d}t} = \frac{\partial f_i}{\partial x_1} \Delta x_1 + \frac{\partial f_i}{\partial x_2} \Delta x_2 + \cdots + \frac{\partial f_i}{\partial x_n} \Delta x_n + \frac{\partial f_i}{\partial u_1} \Delta u_1 + \frac{\partial f_i}{\partial u_2} \Delta u_2 + \cdots + \frac{\partial f_i}{\partial u_m} \Delta u_m =$$

$$\sum_{j=1}^{n} \frac{\partial f_i}{\partial x_j} \Delta x_j + \sum_{k=1}^{m} \frac{\partial f_i}{\partial u_k} \Delta u_k \quad (i = 1, 2, 3, \cdots, n) \tag{3.41}$$

为书写方便，利用如下偏导数简略符号：

$$a_{ij} = \frac{\partial f_i}{\partial x_j}, \quad b_{ik} = \frac{\partial f_i}{\partial u_k} \tag{3.42}$$

于是线性化方程可以写成

$$\frac{\mathrm{d}\boldsymbol{X}}{\mathrm{d}t} = \boldsymbol{A}\boldsymbol{X} + \boldsymbol{B}\boldsymbol{U} \tag{3.43}$$

在本章中方程没有明确写出外干扰作用，可以仿照控制作用进行类似处理。

## 2. 线性化飞机的纵向运动方程

根据航迹坐标系中的飞机质心动力学方程组：

$$\begin{bmatrix} \dfrac{\mathrm{d}V_k}{\mathrm{d}t} \\ V_k\cos\gamma \dfrac{\mathrm{d}\chi}{\mathrm{d}t} \\ -V_k \dfrac{\mathrm{d}\gamma}{\mathrm{d}t} \end{bmatrix} = \frac{1}{m} \left\{ L_{kg} L_{gb} \left[ \begin{bmatrix} P_{xb} \\ P_{yb} \\ P_{zb} \end{bmatrix} + L_{bn} \begin{bmatrix} -D \\ Y \\ -L \end{bmatrix} \right] \right\} + L_{kg} \begin{bmatrix} 0 \\ 0 \\ g \end{bmatrix} \tag{3.44}$$

和

$$\begin{bmatrix} V_{a,xb} \\ V_{a,yb} \\ V_{a,zb} \end{bmatrix} = L_{bg} \begin{bmatrix} V_{k,xg} - V_{w,xg} \\ V_{k,yg} - V_{w,yg} \\ V_{k,zg} - V_{w,zg} \end{bmatrix}$$

按照假设，有 $P_{yb} = 0, V_k = V_a = V$，所以有

$$\left. \begin{aligned} m\frac{\mathrm{d}V}{\mathrm{d}t} &= P\cos(\alpha + \sigma) - D - mg\sin\gamma \\ mV\frac{\mathrm{d}\gamma}{\mathrm{d}t} &= P\sin(\alpha + \sigma) + L - mg\cos\gamma \\ I_y\frac{\mathrm{d}q}{\mathrm{d}t} &= M + Pe \end{aligned} \right\} \tag{3.45}$$

式中　$m$—— 飞行器质量；

$V$—— 飞行速度；

$\gamma$—— 航迹倾角；

$P$—— 发动机推力；

$D$—— 气动阻力；

$L$—— 气动升力；

$g$—— 重力加速度；

$I_y$—— 俯仰转动惯量；

$q$—— 俯仰角速度；

$M$—— 气动俯仰力矩；

$e$—— 推力偏心距。

令 $F_t$ 为切向力（前向力），$F_n$ 为法向力，$M_s$ 为总的俯仰力矩，则有

$$\left. \begin{array}{l} F_t = P\cos(\alpha + \sigma) - D \\ F_n = P\sin(\alpha + \sigma) + L \\ M_s = M + Pe \end{array} \right\} \tag{3.46}$$

于是运动方程成为

$$\left. \begin{array}{l} m\dfrac{\mathrm{d}V}{\mathrm{d}t} = F_t - mg\sin\gamma \\[2mm] mV\dfrac{\mathrm{d}\gamma}{\mathrm{d}t} = F_n - mg\cos\gamma \\[2mm] I_y\dfrac{\mathrm{d}q}{\mathrm{d}t} = M_s \\[2mm] \dfrac{\mathrm{d}\theta}{\mathrm{d}t} = q \\[2mm] \alpha = \theta - \gamma \end{array} \right\} \tag{3.47}$$

$L = \dfrac{1}{2}\rho V^2 SC_L(Ma,\alpha,\delta_e,q,\dot\alpha)$，$M = \dfrac{1}{2}\rho V^2 SC_m(Ma,\alpha,\delta_e,q,\dot\alpha)$，可 将 式

(3.47) 进行小扰动线性化，于是方程线性化结果为

$$\left. \begin{array}{l} m\dfrac{\mathrm{d}\Delta V}{\mathrm{d}t} = \Delta F_t - mg\cos\gamma_0\Delta\gamma = F_{t,v}\Delta v + F_{t,\alpha}\Delta\alpha - mg\cos\gamma_0(\Delta\theta - \Delta\alpha) + \\ \qquad\qquad F_{t,\delta_p}\Delta\delta_p + F_{t,\delta_e}\Delta\delta_e \\[2mm] mV_0\dfrac{\mathrm{d}\Delta\gamma}{\mathrm{d}t} = \Delta F_n + mg\sin\gamma_0\Delta\gamma = F_{n,v}\Delta v + F_{n,\alpha}\Delta\alpha + mg\sin\gamma_0(\Delta\theta - \Delta\alpha) + \\ \qquad\qquad F_{n,\dot\alpha}\Delta\dot\alpha + F_{n,q}\Delta q + F_{n,\delta_p}\Delta\delta_p + F_{n,\delta_e}\Delta\delta_e \\[2mm] I_y\dfrac{\mathrm{d}\Delta q}{\mathrm{d}t} = \Delta M + \Delta Pe = M_{s,v}\Delta V + M_{s,\alpha}\Delta\alpha + M_{\dot\alpha}\Delta\dot\alpha + M_q\Delta q + M_{\delta_e}\Delta\delta_e + P_{\delta_p}\delta_p e \end{array} \right\}$$

$$\tag{3.48}$$

根据定义，$F_t$，$F_n$，$M_s$ 的导数应该与 $P$，$D$，$L$ 的导数相联系，于是令：

$F_{t,V} = P_V \cos(\alpha_0 + \sigma) - D_V$，　　$F_{t,a} = P_a \cos(\alpha_0 + \sigma) - P_0 \sin(\alpha_0 + \sigma) - D_a$

$F_{n,V} = P_V \sin(\alpha_0 + \sigma) + L_V$，　　$F_{n,a} = P_a \sin(\alpha_0 + \sigma) + P_0 \cos(\alpha_0 + \sigma) + L_a$

$F_{n,\dot{a}} = L_{\dot{a}}$，　$F_{n,q} = L_q$，　$M_{s,V} = M_V + P_V e$，　　$M_{s,a} = M_a + P_a e$。

利用关系式 $\Delta\gamma = \Delta\theta - \Delta\alpha$，有

$$-mV_0 \frac{\mathrm{d}\Delta\alpha}{\mathrm{d}t} = mV_0 \frac{\mathrm{d}\Delta\gamma}{\mathrm{d}t} - mV_0 \Delta q \tag{3.49}$$

将以上线性化方程安排成矩阵形式，则有

$$
\begin{bmatrix}
m & 0 & 0 & 0 \\
0 & -mV_0 - F_{n,\dot{a}} & 0 & 0 \\
0 & -M_{\dot{a}} & I_y & 0 \\
0 & 0 & 0 & 1
\end{bmatrix}
\begin{bmatrix}
\mathrm{d}\Delta V/\mathrm{d}t \\
\mathrm{d}\Delta\alpha/\mathrm{d}t \\
\mathrm{d}\Delta q/\mathrm{d}t \\
\mathrm{d}\Delta\theta/\mathrm{d}t
\end{bmatrix} =
$$

$$
\begin{bmatrix}
F_{t,V} & F_{t,a} + mg\cos\gamma_0 & 0 & -mg\cos\gamma_0 \\
F_{t,V} & F_{n,a} - mg\sin\gamma_0 & F_{n,q} - mV_0 & mg\sin\gamma_0 \\
M_{s,V} & M_{s,a} & M_q & 0 \\
0 & 0 & 1 & 0
\end{bmatrix}
\begin{bmatrix}
\Delta v \\
\Delta\alpha \\
\Delta q \\
\Delta\theta
\end{bmatrix} +
$$

$$
\begin{bmatrix}
F_{t,\delta_p} & F_{t,\delta_e} \\
F_{n,\delta_p} & F_{n,\delta_e} \\
P_{\delta_p} e & M_{\delta_e} \\
0 & 0
\end{bmatrix}
\begin{bmatrix}
\Delta\delta_p \\
\Delta\delta_e
\end{bmatrix} \tag{3.50}
$$

令状态列阵为 $\boldsymbol{X} = \begin{bmatrix} \Delta V & \Delta\alpha & \Delta q & \Delta\theta \end{bmatrix}^{\mathrm{T}}$，控制列阵为 $\boldsymbol{U} = \begin{bmatrix} \Delta\delta_p & \Delta\delta_e \end{bmatrix}^{\mathrm{T}}$，则把方程式(3.50)写成

$$\boldsymbol{M} \frac{\mathrm{d}\boldsymbol{X}}{\mathrm{d}t} = \boldsymbol{A}'\boldsymbol{X} + \boldsymbol{B}'\boldsymbol{U} \tag{3.51}$$

式中　　$\boldsymbol{M}, \boldsymbol{A}', \boldsymbol{B}'$ 是对应的矩阵。

令 $\boldsymbol{A} = \boldsymbol{M}^{-1}\boldsymbol{A}'$，$\boldsymbol{B} = \boldsymbol{M}^{-1}\boldsymbol{B}'$，则方程成为状态方程的标准形式：

$$\frac{\mathrm{d}\boldsymbol{X}}{\mathrm{d}t} = \boldsymbol{A}\boldsymbol{X} + \boldsymbol{B}\boldsymbol{U} \tag{3.52}$$

方程中出现的气动力和力矩的导数须要用量纲为 1 的空气动力学导数来表示，见表 3.3。

#### 表 3.3　方程中出现的气动力和力矩的导数项

| | |
|---|---|
| $D_V = C_{D0}\rho VS + C_{DMa}\rho V^2 S/(2a)$ | $D_a = C_{Da}\rho V^2 S/2$ |
| $D_{\delta_e} = C_{D\delta_e}\rho V^2 S/2$ | $L_V = C_{L0}\rho VS + C_{LMa}\rho V^2 S/(2a)$ |
| $L_a = C_{La}\rho V^2 S/2$ | $L_{a^*} = C_{La^*}\rho VSc/4$ |

续 表

| | |
|---|---|
| $L_q = C_{Lq}\rho VSc/4$ | $L_{\delta_e} = C_{L\delta_e}\rho V^2 S/2$ |
| $M_V = C_{M0}\rho VSc + C_{mMa}\rho V^2 Sc/(2a)$ | $M_\alpha = C_{ma}\rho V^2 Sc/2$ |
| $M\dot\alpha^* = C_{ma^*}\rho VSc^2/4$ | $M_q = C_{mq}\rho VSc^2/4$ |
| $M_{\delta_e} = C_{m\delta_e}\rho V^2 Sc/2$ | |

表中，$a$ 是声速。这里的空气动力学导数，每个都有深刻的物理意义，由计算或试验得到。其中的几个解释如下。对马赫数：

$$C_{DMa} = \partial C_D/\partial Ma$$
$$C_{LMa} = \partial C_L/\partial Ma$$
$$C_{mMa} = \partial C_m/\partial Ma$$

$C_L$ 和 $C_m$ 对量纲为 1 的角速度和量纲为 1 的迎角变化率的导数：

$$C_{Lq} = \frac{\partial C_L}{\partial(qc_A/2V)}, \quad C_{mq} = \frac{\partial C_m}{\partial(qc_A/2V)}$$

$$C_{L\alpha} = \frac{\partial C_L}{\partial(\alpha c/2V)}, \quad C_{ma} = \frac{\partial C_m}{\partial(\alpha c/2V)}$$

### 3. 飞机的横航向运动方程

取方程 $m\dfrac{\mathrm{d}V_{yb}}{\mathrm{d}t} = m(pV_{zb} - rV_{xb}) + Y + mg\sin\varphi\cos\theta$，利用 $V_{yb} = V\sin\beta$，$V_{zb} = V\cos\beta\sin\alpha$，$V_{xb} = V\cos\beta\cos\alpha$，线性化结果为

$$mV_0\frac{\mathrm{d}\Delta\beta}{\mathrm{d}t} = mV_0(\alpha_0\Delta p - \Delta r) + \Delta Y + mg\sin\theta_0\Delta\varphi \tag{3.53}$$

取方程：

$$\left.\begin{aligned} I_x\frac{\mathrm{d}p}{\mathrm{d}t} - I_{zx}\frac{\mathrm{d}r}{\mathrm{d}t} &= (I_z - I_y)qr - I_{zx}pq + L_{\text{roll}} \\ I_z\frac{\mathrm{d}r}{\mathrm{d}t} - I_{zx}\frac{\mathrm{d}p}{\mathrm{d}t} &= (I_y - I_z)pq + I_{zx}qr + N \end{aligned}\right\} \tag{3.54}$$

将其线性化，并注意假设条件 $p_0 = q_0 = r_0 = 0$ 结果为

$$\left.\begin{aligned} I_x\frac{\mathrm{d}\Delta p}{\mathrm{d}t} - I_{zx}\frac{\mathrm{d}\Delta r}{\mathrm{d}t} &= \Delta L_{\text{roll}} \\ -I_{zx}\frac{\mathrm{d}\Delta p}{\mathrm{d}t} + I_z\frac{\mathrm{d}\Delta r}{\mathrm{d}t} &= \Delta N \end{aligned}\right\} \tag{3.55}$$

对方程进行线性化，并注意到 $\varphi_0 = 0$，$r_0 = 0$，结果为

$$\frac{\mathrm{d}\Delta\varphi}{\mathrm{d}t} = \Delta p + \Delta r\tan\theta_0 \tag{3.56}$$

侧向力 $Y$、滚转力矩 $L$ 和偏航力矩 $N$ 的线性化为

$$\left.\begin{aligned}
\Delta Y &= Y_\beta \Delta\beta + Y_p \Delta p + Y_r \Delta r + Y_{\delta_a} \Delta\delta_a + Y_{\delta_r} \Delta\delta_r \\
\Delta L_{roll} &= L_\beta \Delta\beta + L_p \Delta p + L_r \Delta r + L_{\delta_a} \Delta\delta_a + L_{\delta_r} \Delta\delta_r \\
\Delta N &= N_\beta \Delta\beta + N_p \Delta p + N_r \Delta r + N_{\delta_a} \Delta\delta_a + N_{\delta_r} \Delta\delta_r
\end{aligned}\right\} \tag{3.57}$$

联合起来,得到线性化的横航向方程的矩阵形式

$$\begin{pmatrix} mV_0 & 0 & 0 & 0 \\ 0 & I_x & -I_{zx} & 0 \\ 0 & -I_{zx} & I_z & 0 \\ 0 & 0 & 0 & 1 \end{pmatrix} \begin{pmatrix} \mathrm{d}\Delta\beta/\mathrm{d}t \\ \mathrm{d}\Delta p/\mathrm{d}t \\ \mathrm{d}\Delta r/\mathrm{d}t \\ \mathrm{d}\Delta\varphi/\mathrm{d}t \end{pmatrix} =$$

$$\begin{pmatrix} Y_\beta & Y_p + \alpha_0 mV_0 & Y_R - mV_0 & mg\cos\theta_0 \\ L_\beta & L_p & L_r & 0 \\ N_\beta & N_p & N_r & 0 \\ 0 & 1 & \tan\theta_0 & 0 \end{pmatrix} \begin{pmatrix} \Delta\beta \\ \Delta p \\ \Delta r \\ \Delta\varphi \end{pmatrix} + \begin{pmatrix} Y_{\delta_a} & Y_{\delta_r} \\ L_{\delta_a} & L_{\delta_r} \\ N_{\delta_a} & N_{\delta_r} \\ 0 & 0 \end{pmatrix} \begin{pmatrix} \Delta\delta_a \\ \Delta\delta_r \end{pmatrix}$$

$$\tag{3.58}$$

横航向运动的状态列阵为 $\boldsymbol{X} = \begin{bmatrix} \Delta\beta & \Delta p & \Delta r & \Delta\varphi \end{bmatrix}^T$,即由侧滑角、滚转角速度、偏航角速度和滚转角组成。横航向运动的控制列阵为 $\boldsymbol{U} = \begin{bmatrix} \Delta\delta_a & \Delta\delta_r \end{bmatrix}^T$,即横航向运动是用副翼和方向舵来控制的。

于是把方程式(3.58)可写成

$$\boldsymbol{M} \frac{\mathrm{d}\boldsymbol{X}}{\mathrm{d}t} = \boldsymbol{A}'\boldsymbol{X} + \boldsymbol{B}'\boldsymbol{U} \tag{3.59}$$

式中　　$\boldsymbol{M}, \boldsymbol{A}', \boldsymbol{B}'$ 是对应的矩阵。

然后令 $\boldsymbol{A} = \boldsymbol{M}^{-1}\boldsymbol{A}', \boldsymbol{B} = \boldsymbol{M}^{-1}\boldsymbol{B}'$,则方程成为状态方程的标准形式:

$$\frac{\mathrm{d}\boldsymbol{X}}{\mathrm{d}t} = \boldsymbol{A}\boldsymbol{X} + \boldsymbol{B}\boldsymbol{U} \tag{3.60}$$

侧向力 $Y$、滚转力矩 $L_{roll}$ 和偏航力矩 $N$ 的表达式为

$$\left.\begin{aligned}
Y &= C_Y \frac{1}{2}\rho V^2 S \\
L_{roll} &= C_l \frac{1}{2}\rho V^2 Sb \\
N &= C_n \frac{1}{2}\rho V^2 Sb
\end{aligned}\right\} \tag{3.61}$$

它们对运动变量的导数则需要用量纲为 1 的空气动力学导数来表示,如表 3.4 所示。

表 3.4  横航向运动导数

| | |
|---|---|
| $Y_p = C_{Yp}\rho VSb/4$ | $Y_r = C_{Yr}\rho VSb/4$ |
| $Y_{\delta_a} = C_{Y\delta_a}\rho V^2 S/2$ | $Y_{\delta_r} = C_{Y\delta_r}\rho V^2 S/2$ |
| $L_\beta = C_{l\beta}\rho V^2 Sb/2$ | $L_p = C_{lp}\rho VSb^2/4$ |
| $L_r = C_{lr}\rho VSb^2/4$ | $L_{\delta_a} = C_{l\delta_a}\rho V^2 Sb/2$ |
| $L_{\delta_r} = C_{l\delta_r}\rho V^2 Sb/2$ | $N_\beta = C_{n\beta}\rho V^2 Sb/2$ |
| $N_p = C_{np}\rho VSb^2/4$ | $N_r = C_{nr}\rho VSb^2/4$ |
| $N_{\delta_a} = C_{n\delta_a}\rho V^2 Sb/2$ | $N_{\delta_r} = C_{n\delta_r}\rho V^2 Sb/2$ |

# 3.4  动力系统建模

动力装量是飞行器的重要组成部分,是飞行器的心脏,是推动飞行器向前的系统,因此也称为推进系统。飞机推进系统主要由进气道、发动机和喷管三大部分组成。发动机推力是作用在飞机上的又一重要的外力参数。在飞行仿真中,动力装置所要模拟的内容主要有发动机工作状态控制,发动机转速与推力的变化,燃油消耗及其影响,滑油系统,发动机地面点火启动和空中点火启动,告警及灭火设备等。对于发动机所要仿真的这些内容,多数都要建立数学模型。仿真中常用计算发动机推力、耗油率和燃油流量的发动机性能模型。

建立精确的发动机性能模型需要利用制造商提供的发动机动态模型数据表。由于公开途径很难获得发动机数据,因此在飞行动力学模型,可在保证性能数据计算具有足够精度的基础之上,对发动机模型进行适当简化。除了飞行员输入之外,在计算发动机推力时还需要发动机的空气温度和密度、马赫数和空速、高度等飞行参数数据。

对于固定翼飞机来说,飞机推力主要由如下三种方式产生:①由活塞发动机和螺旋桨产生的混合动力;②基于燃气涡轮的涡轮喷气引擎产生的动力,包括商用运输机和高性能军用飞机上使用的涡扇发动机;③由涡轮机和螺旋桨产生的混合动力,被称为涡轮螺旋桨发动机。航空用的发动机种类很多,目前使用较多的主要是喷气发动机。按其具体工作方式,大致可以分成两类:一类以大气中的氧作为氧化剂与燃料燃烧产生高压气体,称为空气喷气发动机,其中有涡轮喷气发动机、涡轮风扇发动机和涡轮螺旋桨发动机等;另一类不依赖大气中的氧,而是自身携带氧化剂和燃料,经燃烧产生高温气体,称为火箭发动机,其中有液体火箭发动机、固体火箭发动机等。但其喷气发动机的工作原理基本相同,均以燃气流高速向后喷出而产生的反作用力,即发动机推力,使飞机获得前进的动力,下面着重介绍涡轮喷气发动机和涡轮风扇发动机。

涡轮喷气发动机由压气机、燃烧室、涡轮和尾喷管等主要部件组成,如图3.4所示。在空气由进气道进入发动机后,空气流速降低,压力升高,再经压气机将空气压力再提高几倍到数十倍,随即进入燃烧室与从喷嘴喷出的燃料掺混,经点火后燃烧,燃料的化学能转换为热能。高温气体膨胀驱动涡轮工作,高速旋转的涡轮带动压气机工作。经过涡轮后的燃气通过喷管以高速向后喷射而产生推力。

按照动量定理,在尾喷管完全膨胀的条件下。可导出推力 $F_T$ 的表示式为

$$F_T = m'(V_j - V_i) \tag{3.62}$$

式中　　$F_T$—— 推力(N);

　　　　$m'$—— 进入发动机的空气质量流量(kg·s$^{-1}$);

　　　　$V_j$—— 尾喷管喷出的气流速度(m·s$^{-1}$);

　　　　$V_i$—— 进入进气道的气流速度,即飞行速度(m·s$^{-1}$)。

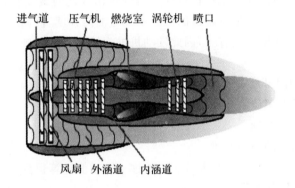

图3.4　涡轮喷气发动机简图

显然,推力 $T$ 是评价涡轮喷气发动机效率最主要的性能指标。其大小主要取决于空气质量流量 $m'$ 和喷气流速度 $V_j$,而这些参数又与飞行速度、飞行高度和发动机转速有关。

涡轮喷气发动机还有一个性能指标是推重比 $\gamma_{TW}$,即发动机推力(地面最大工作状态)和其结构质量之比。它反映发动机设计、材料和工艺水平的综合性。推重比大,则有利于提高飞行器的飞行性能。

在实际飞行过程中,发动机转速将随飞行状态的变化而变化。根据飞行状态的不同,涡轮喷气发动机通常分为加力状态、最大状态、额定状态、巡航状态和慢车状态。

涡轮风扇发动机是在涡轮喷气发动机的涡轮前面,再装上一个涡轮带动的风扇。风扇转动压缩空气,故该涡轮也称低压压气机。经过压缩的气流分成两股:外

通道的一股气流平行流动,经喷口后加速排出,外通道也称外涵道;另一股气流与涡轮喷气发动机一样,经高压压气机、燃烧室和涡轮后由喷管排出。这种有内外两股气流的发动机,也称为内外涵道发动机。外股与内股气流量之比称流量比或涵道比。两股气流可以分别从各自喷管排出;也可以在涡轮后混合,再一起喷出。

涡轮风扇发动机由风扇吸入大量空气,使进入发动机的空气流量增加,在同样内涵道涡轮温度条件下,显然推力可以增加。另外,外涵道不消耗燃料,出口喷气速度较小,故能量损失也较小,在产生一样推力的情况下,其耗油量较低。由于涡轮风扇发动机具有这些优点,加上排气速度减小,使噪声降低,故被民用机所采用。当内、外涵道气流分别排出时,涡轮风扇发动机推力可导出为

$$F_T = F_{T_i} + F_{T_e} = m'(V_{ij} - V_i) + m'_e(V_{ej} - V_i) \qquad (3.63)$$

式中　$F_{T_i}, F_{T_e}$ —— 内涵道和外涵道产生的推力(N);

　　　$m', m'_e$ —— 内涵道和外涵道的空气质量流量($\mathrm{kg \cdot s^{-1}}$);

　　　$V_{ij}, V_{ej}$ —— 内涵道和外涵道的喷气速度($\mathrm{m \cdot s^{-1}}$)。

两股气流在喷管内混合后,再以同一速度喷出。此时发动机推力可仍按下式计算。在飞行仿真中,一般发动机的推力不仅与油门开度直接相关,还与飞行的高度、速度及所处的环境温度有关,因此发动机推力计算公式可表示为

$$F_T = f(H, V_t, \delta_t, T) \qquad (3.64)$$

式中　$\delta_t$ —— 油门开度;

　　　$T$ —— 环境温度;

　　　$V_t$ —— 飞机空速;

　　　$H$ —— 飞机的飞行高度。

发动机推力可根据具体的飞行状态通过 4 维插值计算得到。发动机推力的数据通常来自全机测力试验。

# 第4章
# 复杂气流模型的构建方法

## 4.1 引　　言

　　研究复杂气流对飞机运动的影响,需建立描述大气扰动现象的数学模型。大气扰动中包含各种时间和空间尺度的运动,其产生的机理和发展过程各不相同。大气扰动运动较严格形式的流体动力学方程都是非线性微分方程,除个别情况外,其解析求解是很困难的。显然,采用这样复杂的流体动力学模型来研究复杂气流对飞行的影响是很不方便的。目前,研究复杂气流对飞机运动的影响,广泛使用简化大气扰动模型,又称工程化模型,它主要描述风场基本物理参数之间的关联,而略去一些次要的影响因素。这些在一定条件下的大气扰动简化模型反映了所研究现象的最本质的机理和物理过程,调整参数方便,使用灵活,最大程度表征真实的大气扰动。复杂气流的简化模型是从对大气扰动现象的长期观测统计,特别是对有关事故和事故征候的数据统计分析而归纳总结出来的。

　　所采用的复杂气流模型应当与所研究的目的(设计分析、数值仿真、飞行模拟、事故分析等)以及整个系统研究的真实性相一致,要求模型既便于处理又具有灵活性。因此,不能期望规定一个通用的大气扰动模型。本章重点介绍在复杂环境下有可能对飞行风险产生较大影响的几种气流场的建模方法。其可满足分布式飞行仿真系统中的风场模型构建的需要,对于复杂气流条件下飞行安全性仿真分析、风险规避与控制方法研究具有一定的参考价值。

## 4.2　大气环境模型

　　本书研究对象的飞行包线限制在对流层,海拔为 11 000 m 以下。平流层以上的高空不属于复杂气流的研究范围。在对流层中,把大气看作一种气体,它服从由压力、温度和密度构成的波意耳定律的关系式。大气层总质量的 3/4 存在于对流层中,并因地球引力场作用呈固定分布。通常可以假设地球引力为常数,但是地球外形和质量分布的作用能够显著影响环绕地球的引力。重力同样受海拔高度的影响,并随着海拔高度的升高而减小。考虑到地球引力对飞机所处位置大气粒子作

用的衰减,海拔高度变化的影响使得飞机的几何高度(海拔高度)同样具有位势高度。该位势高度可以表示为

$$h = \frac{R_0 z}{R_0 + z} \tag{4.1}$$

式中　$h$——位势高度;

　　$R_0$——地球半径,$R_0 = 6\ 356\ 766$ m;

　　$z$——几何高度。

举例来说,若 $z = 11\ 000$ m,那么 $h = 10\ 813$ m,高度降低约 1.7%。这种误差是应该着重考虑的因素。严格来说,位势高度应该用于计算温度、压力和密度。根据所需的逼真度要求,可能需要对这些效果进行建模,或者如果它们对训练没有任何影响,可以在建模中忽略这些因素。因此,需要不可避免地在模型精度和模型计算复杂性之间进行权衡,这样的考虑不仅适用于大气建模领域,还适用于飞机动力学建模领域。

大气温度会随着海拔高度的升高而变化。在对流层中,高度升高,温度降低。温度降低的速率称为温度下降率,该速率在整个对流层中保持不变。大气温度飞计算公式为

$$T = T_0 - T_L H \tag{4.2}$$

式中　$T$——当前海拔高度温度(K);

　　$T_0$——标准海平面温度(K);

　　$T_L$——温度下降率;

　　$H$——位势高度(m)。

温度下降率为常数,取值为 0.006 5 °/m,$T_0$ 的取值通常为 288.15 K(15℃)。在 11 000 m 处,温度将下降 71.5℃,降为 −56.5℃。这种计算假设大气为干燥空气。当然,海平面气温并不是一直保持在 15℃。在计算温度时,随着 11 000 m 处的气温由标准值降为 216.65 K,需要对温度下降率进行修正,以便体现低海拔地区温度的日间变化。大气温度对于发动机性能建模非常重要,特别对活塞式发动机和喷气式发动机的性能有着显著影响。

大气压力是由一定海拔高度上单位面积下的空气分子柱的质量产生的效果。随着海拔的升高,气压将随之降低。在美国标准大气模型中,大气压力计算公式为

$$p = p_0 e^{\frac{g_0 M_0}{R_s T_L} \ln\left(\frac{T_0}{T}\right)} \tag{4.3}$$

式中　$p$——大气压力(Pa);

　　$g_0$——重力加速度常数(9.807 m/s$^2$,北纬 45° 处);

　　$p_0$——$g_0$ 下产生的压力(Pa);

　　$M_0$——空气摩尔质量(28.964 4 kg/kmol);

　　$R_s$——摩尔气体常数(8 314.32 J/(kmol·K));

$T_L$—— 温度下降率（$-0.006\ 5°/\mathrm{m}$）；

$T_0$—— 海平面气温（K）；

$T$—— 大气温度（K）。

已知气温和空气压力，利用气体定律，密度可以表示为

$$\rho = \frac{P}{T}\frac{M_0}{R_s} \tag{4.4}$$

随着海拔的升高，大气密度从海平面处的 $1.225\ \mathrm{kg/m^3}$ 开始递减，该密度可用于空气动力学和推进力的计算。另外一种计算大气压力和大气密度的方法是从公开出版的大气数据表中查询相应数据，并对表格数据进行插值计算。然而，由于公式能够直接实现，因此在仿真中通常采用公式计算的方式。

在大气模型中还给出了声速的计算方法，声速仅依赖于大气温度，计算公式为

$$a = \sqrt{\gamma T\frac{R_s}{M_0}} \tag{4.5}$$

式中　$a$—— 声速（m/s）；

　　　$\gamma$—— 理想双原子气体的比热容，$\gamma = 1.4\ \mathrm{J/(kg \cdot ℃)}$。

声速用于马赫数的计算，该参数通常用于飞机仪表显示，还可以用于飞行模型和发动机模型的空气动力学系数，其计算公式为

$$Ma = \frac{V}{a} \tag{4.6}$$

式中　$Ma$—— 马赫数；

　　　$V$—— 飞机的自由气流速度；

　　　$a$—— 声速。

在飞行仿真中，大气环境模型通常基于国际标准大气开发，其海平面条件：温度为 $15℃$，压力为 $101\ 325\ \mathrm{Pa}$，密度为 $1.225\ \mathrm{kg/m^3}$。在模拟大气条件时，需要根据每天的基础数据对海平面的温度或压力变化进行补偿。仿真中，密度、压力和温度数据则使用上面的公式推导得出，并通过修正来匹配当时海平面条件。

# 4.3　离散突风模型

离散突风又称阵风，书中表现为确定性风速变化。在飞行品质评定、飞机强度计算和飞行控制系统设计中，常使用半波长形式的离散突风模型，即

$$\text{半波长模型：}\quad V = \begin{cases} 0, & x < 0 \\ \dfrac{V_{w_m}}{2}\left(1 - \cos\dfrac{\pi x}{d_m}\right), & 0 \leqslant x \leqslant d_m \\ V_{w_m}, & x > d_m \end{cases} \tag{4.7}$$

全波长模型、梯形模型如下：

全波长模型： $V = \begin{cases} 0, & x < 0 \\ \dfrac{V_{w_m}}{2}\left(1 - \cos\dfrac{\pi y}{d_m}\right), & 0 \leqslant x \leqslant 2d_m \\ 0, & x > 2d_m \end{cases}$ (4.8)

梯形模型： $V = \begin{cases} \dfrac{2d_m - y}{d_m}V_{w_m}, & 2d_m - h \leqslant x \leqslant 2d_m \\ V_{w_m}, & h \leqslant x \leqslant 2d_m - h \\ \dfrac{x}{h}, & 0 \leqslant x \leqslant h \end{cases}$ (4.9)

上述离散突风模型可用来表征任一方向的突风分量。

离散突风主要由突风尺度 $d_m$ 和突风强度 $V_{w_m}$ 决定,这两个参数亦决定突风梯度,如式(4.10)。文中的突风强度和尺度可与连续随机紊流模型中的强度和尺度一致。

$$\frac{\partial V_w}{\partial x} = \frac{\pi}{2}\frac{V_{w_m}}{d_m}\sin\frac{\pi x}{d_m}$$ (4.10)

实际使用中,多个半波长离散突风模型顺序连接可构成新的突风形式。相对于大气紊流和微下击暴流,离散突风模型较为规则,利用公式(4.9)对其进行构建亦比较简单,故不对离散突风做进一步的算例说明。

# 4.4　大气紊流模型

大气紊流的成因是复杂的,从形成的机理上对其进行数学描述比较困难。在飞行仿真中一般将其看作一个随机过程,使用描述随机过程的方法对其进行描述,即使用统计特征进行描述。

紊流是指在风场的“均值”上的叠加的连续随机偏离量,又被称为随机脉动。利用随机过程理论可构建紊流模型。由于大气紊流是随三维空间和时间动态改变的具有显著随机性和不确定性矢量过程,在实际的工程应用中,需根据实际情况对紊流模型作如下假设:

(1)大气紊流是 Gauss 型的,即大气紊流的速度场服从正态分布;

(2)大气紊流是平稳随机过程,其统计特性不随时间和位置而变;

(3)大气紊流具有各态历经性;

(4)大气紊流是各向同性的,在低空时允许紊流是各向异性的,但假设各个紊流速度分量之间是统计不相关的;

(5)因为飞机的飞行速度远大于紊流速度及其变化量,在本书所研究的短时间间隔内，飞机虽然飞过了较长的距离，但紊流的速度场还来不及有较大的变化，故假定大气紊流速度场在空间上是"冻结"的。

根据大量的测量和统计数据，Dryden 提出了大气紊流的速度自功率谱函数。Dryden 模型是以空间变量 $\Omega$（空间频率）表示的，可将其转化为时间变量。因为 $\omega = V_0 \Omega$，所以，Dryden 模型可以表示为

$$\Phi_u(\omega) = \frac{2\sigma_u{}^2 L_u}{V_0 \pi} \frac{1}{1 + (L_u/V_0)^2 \omega^2} \tag{4.11}$$

$$\Phi_v(\omega) = \frac{\sigma_v{}^2 L_v}{\pi V_0} \frac{1 + 3(L_v/V_0)^2 \omega^2}{[1 + (L_v/V_0)^2 \omega^2]^2} \tag{4.12}$$

$$\Phi_w(\omega) = \frac{\sigma_w{}^2 L_w}{\pi V_0} \frac{1 + 3(L_w/V_0)^2 \omega^2}{[1 + (L_w/V_0)^2 \omega^2]^2} \tag{4.13}$$

$$\Phi_p(\omega) = \frac{\sigma_w{}^2}{V_0 L_w} \frac{0.8(\pi L_w/4b)^{1/3}}{1 + (4b\omega/\pi V_0)^2} \tag{4.14}$$

$$\Phi_r(\omega) = \frac{\mp(\omega/V_0)^2}{1 + (3b\omega/\pi V_0)^2} \Phi_v(\omega) \tag{4.15}$$

$$\Phi_q(\omega) = \frac{\pm(\omega/V_0)^2}{1 + (4b\omega/\pi V_0)^2} \Phi_w(\omega) \tag{4.16}$$

式中　　　　$V_0$——飞机速度；

$L_u, L_v, L_w$——紊流尺度；

$\sigma_u, \sigma_v, \sigma_w$——风速的均方值。

式(4.11)～式(4.13)为紊流速度的频谱密度函数，具体的出现频率及取值范围见文献[65]。

上述功率谱密度是有色噪声，使用不便。需利用成型滤波器方法来产生有色噪声功率谱密度。要得到对应频谱密度函数的成型滤波器传递函数 $G(s)$，需利用白噪声 $X(t)$ 的特性。$X(t)$ 是一种具有特殊性质的随机过程，它的频谱函数等于常数，其相关函数为脉冲函数，即

$$\Phi_{XX}(\omega) = N_0 \tag{4.17}$$

$$R_{XX}(\tau) = N_0 \delta(\tau) \tag{4.18}$$

让白噪声 $X(t)$ 通过一个传递函数为 $G(s)$ 的环节，设其输出为 $Y(t)$。输出 $Y(t)$ 的频谱函数为

$$\Phi_{YY}(\omega) = G^*(i\omega)\Phi_{XX}(\omega)G(i\omega) = N_0 G^*(i\omega)G(i\omega) \tag{4.19}$$

由式(4.19)可见，若要求输出 $Y(t)$ 具有特定的频谱 $\Phi_{YY}(\omega)$，应将 $\Phi_{YY}(\omega)$ 作因式分解为 $G^*(i\omega)$ 和 $G(i\omega)$ 的乘积，从而找到滤波器应具有的传递函数 $G(s)$。

将紊流各频谱按照式(4.19)进行分解，则可得到产生给定频谱密度函数的成型滤波器传递函数 $G(s)$ 如下：

$$G_u(s) = \sigma_u \left( \frac{2L_u}{V_0 \pi} \right)^{1/2} \frac{1}{1 + \dfrac{L_u}{V_0} s} \tag{4.20}$$

$$G_v(s) = \sigma_v \left( \frac{L_v}{V_0 \pi} \right)^{1/2} \frac{1 + \dfrac{\sqrt{3} L_v}{V_0} s}{\left( 1 + \dfrac{L_u}{V_0} \right)^2} \tag{4.21}$$

$$G_w(s) = \sigma_w \left( \frac{L_w}{V_0 \pi} \right)^{1/2} \frac{1 + \dfrac{\sqrt{3} L_w}{V_0} s}{\left( 1 + \dfrac{L_w}{V_0} \right)^2} \tag{4.22}$$

$$G_p(s) = \sigma_w \left( \frac{0.8}{V_0} \right)^{1/2} \frac{\left( \dfrac{\pi}{4b} \right)^{1/6}}{L_w^{\,1/3} \left( 1 + \dfrac{4b}{\pi V_0} s \right)} \tag{4.23}$$

$$G_q(s) = \frac{\pm \dfrac{s}{V_0}}{\left( 1 + \dfrac{4b}{\pi V_0} s \right)} G_w(s) \tag{4.24}$$

$$G_r(s) = \frac{\mp \dfrac{s}{V_0}}{\left( 1 + \dfrac{3b}{\pi V_0} s \right)} G_v(s) \tag{4.25}$$

根据上述传递函数,利用白噪声发生器作为输入,便可以产生具有随机性和各态历经性的紊流风场数据,将在下文的算例中体现。

## 4.5　风切变与微下击暴流模型

建立风切变与微下击暴流模型通常有三种方式。第一种方式是把多普勒雷达测量数据以网格形式存储在计算机中,也可以建立风切变事故数据库,在使用时采用内插法取值。第二种方式是按照流体力学和热力学规律建立并求解大气动力学方程。由于大气动力学方程是非线性的,一般要占用大量内存和花费很多机时才能数值求解。这种复杂的模型不太适于工程模拟仿真使用。第三种方式是工程化模型方法。这种方法是建立能描述风切变及微下击暴流现象最本质的机理及运动过程的简化数学模型。这种工程化风切变模型简单,使用方便,又具有较好的真实性,很适于工程研究使用。

对于典型规则风切变选用工程中常用的对数模型。

$$u_w = W_6 \frac{\ln\left(\dfrac{h}{z_0}\right)}{\ln\left(\dfrac{6}{z_0}\right)} \quad (1 \text{ m} < h < 400 \text{ m}) \tag{4.26}$$

式中   $u_w$——平均风速;

      $W_6$——风切变时离地面 6 m 高度的测量风速。

对于不规则的风切变建模,本书采用基于微下击暴流的复杂风场模型进行构建。微下击暴流属于下冲气流的一种,是以垂直风切变为主要特征的复杂不规则风切变区域。研究微下击暴流对于飞机起飞着陆时的飞行品质分析与飞行安全保障具有重要的意义。本书基于涡环原理模型对微下击暴流模型进行构建。

目前方法所构建的微下击暴流模型多为沿中心轴对称的规则形状,但实际的微下击暴流风场较复杂,其下沉气流并不一定垂直于地面,其外流范围也不是轴对称的,且一个区域内可能伴随有多个风暴核,甚至还有局部上升气流。并且在其风速的分布范围内亦可能伴随有其他大气流动状况,如不规则突风与飞机尾流产生的湍流。故本书拟在构建不规则微下击暴流模型的基础上考虑突风与湍流的影响,为起飞着陆与低空飞行时的安全性仿真提供更加准确的风场输入条件。

### 4.5.1 单个涡环诱导下的风场构建

首先利用涡环原理构造微下击暴流风场模型。依据美式坐标系,建立一个如图 4.1 所示的涡环模型。在地面处,风速垂直方向的分量为 0。通过在地面上方布置一个强度为 $\Gamma$ 的主涡环,同时在对称下方布置一个强度为 $-\Gamma$ 的镜像涡环,即可满足地面垂直速度为 0 的边界条件。图 4.1 中,主涡环中心在 $(x_p, y_p, z_p)$ 处,镜像涡环中心在 $(x_p, y_p, -z_p)$ 处。$R$ 为涡环半径,$A$ 为空间中某点,坐标为 $(x_A, y_A, z_A)$。

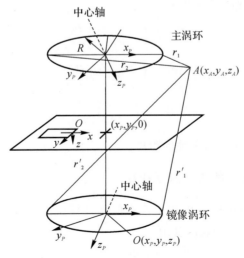

图 4.1   微下击暴流的涡环法建模

首先讨论单涡环影响下的微下击暴流场构建方法,当涡环面与地面平行时,涡环的流线方程为

$$\psi = -\frac{\Gamma}{2\pi}(r_1 + r_2)\left[F_1(k) - F_2(k)\right] \tag{4.27}$$

式中　$\Gamma$—— 涡环强度;

　　$r_1$——$A$ 点距涡环距离最近的距离;

　　$r_2$——$A$ 点距涡环最远点的距离;

　　$k = \left|(r_2 - r_1)/(r_2 + r_1)\right|$。

$F_1(k)$ 与 $F_2(k)$ 为圆环的积分函数。若 $0 \leqslant k^2 \leqslant 1$,可以用下式表示:

$$F_1(k) - F_2(k) = \frac{0.788k^2}{0.25 + 0.75\sqrt{1-k^2}} \tag{4.28}$$

将式(4.28)代入式(4.27),获得主涡环的流线方程表达为

$$\psi_l = -\frac{\Gamma}{2\pi}(r_1 + r_2)\frac{0.788k^2}{0.25 + 0.75\sqrt{1-k^2}} \tag{4.29}$$

镜像涡环的流线表达式为

$$\psi_{-l} = \frac{\Gamma}{2\pi}(r_1 + r_2)\frac{0.788k^2}{0.25 + 0.75\sqrt{1-k^2}} \tag{4.30}$$

以上两式中　$r_1, r_2, k^2$ 为镜像涡环对应的参数。

最终,将主涡环流线表达式与镜像涡环流线表达式线性叠加,得到空间点 $A$ 的流线方程为

$$\psi_l = -\frac{\Gamma}{2\pi}\left[(r_1 + r_2)\frac{0.788k^2}{0.25 + 0.75\sqrt{1-k^2}} - (r_1 + r_2)\frac{0.788k^2}{0.25 + 0.75\sqrt{1-k^2}}\right]$$

$$\tag{4.31}$$

而后得到点 $A$ 的诱导速度为

$$W_x = \left(\frac{x_A - x_p}{r_A^2}\right)\frac{\partial \psi}{\partial z_A} \tag{4.32}$$

$$W_y = \left(\frac{y_A - y_p}{r_A^2}\right)\frac{\partial \psi}{\partial z_A} \tag{4.33}$$

$$W_z = \left(-\frac{1}{r_A}\right)\frac{\partial \psi}{\partial r_A} \tag{4.34}$$

式中　$r_A$ 为点 $A$ 距涡环对称轴的距离,$r_A = \sqrt{(x_A - x_p)^2 + (y_A - y_p)^2}$。

### 4.5.2　中心轴处的诱导速度计算

在涡环的中心轴处 $r_A = 0$,用上文中的涡环模型计算诱导速度会产生奇点。因此,通过引入涡环的位函数,利用

$$W_z(z) = \frac{\Gamma}{2R} \frac{1}{[1 + (z/R)^2]^{3/2}} \tag{4.35}$$

计算垂直方向的速度 $W_z$，由于涡环沿中心轴的对称性，水平速度 $W_x$ 和 $W_y$ 为 0。式中，$z$ 表示中心轴上各点离涡环中心的距离。

### 4.5.3 涡核内部的诱导速度计算

根据式(4.32)～式(4.34)，在涡环的中心涡丝处，流速趋于无穷大，这不符合微下击暴流风场的实际情况。由于流体黏性的影响，实际涡环有一个涡核的存在，且涡核内速率逐渐减小，至涡核的中心涡丝处减为 0。本书运用复合涡原理，将涡核看作半径为 $r$ 的圆柱，涡核内部的涡量均匀分布，保证涡丝处的流速为 0，而涡核外部仍然服从流线方程。从涡核中心到涡核半径处，流速呈线性分布。

设涡核半径为 $r$，首先应该判断点 $(x_A, y_A, z_A)$ 是否在涡核内，若满足下式，则点 $A$ 在涡核内。

$$(r_A - R)^2 + (z_P - z_A)^2 \leqslant r^2 \tag{4.36}$$

根据点 $A$ 的坐标、涡环中心的坐标求出与点 $A$、涡环中心点共面的涡核丝坐标点 $O(x_o, y_o, z_o)$。再求出与点 $A$、点 $O$ 共线，与点 $A$、涡核中心点共面的涡核外壁坐标 $N$，如图 4.2 所示。根据式(4.32)～式(4.34)，求出坐标 $N$ 的诱导速度，再根据点 $A$、点 $N$ 距离点 $O$ 的距离按比例求出 $A$ 点的诱导速度。

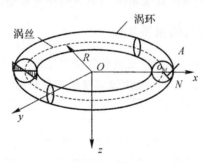

图 4.2　涡核内部诱导速度示意图

### 4.5.4 微下击暴流风场的风速叠加

由于单个涡环诱导的微下击暴流场垂直风速相对较小，为了进一步逼近真实情况，通常使用多个涡环诱导微下击暴流场。多个倾斜涡环叠加而成的微下击暴流速度场如下：

$$\begin{bmatrix} w_x \\ w_y \\ w_z \end{bmatrix} = \begin{bmatrix} w_{x1} \\ w_{y1} \\ w_{z1} \end{bmatrix} + \cdots + \begin{bmatrix} w_{xn} \\ w_{yn} \\ w_{zn} \end{bmatrix} \tag{4.37}$$

式中　　$[w_{x1}, w_{y1}, w_{z1}]$ —— 第 1 个涡环的诱导速度场；

　　　　$[w_{xn}, w_{yn}, w_{zn}]$ —— 第 $n$ 个涡环的诱导速度场。

# 4.6　尾　流　模　型

尾流是由飞机机翼两侧翼尖的脱体涡（尾涡）形成的。当气流绕过机翼时，机翼的构型决定了气流在流经翼面上方的速度大于流经翼面下方的速度。根据伯努利方程可知上翼面的压力比下翼面小。因此，机翼下表面的气流就会绕到机翼上表面，在翼尖处形成两条旋转方向相反的尾涡。机翼两侧的尾涡相互耦合便形成了飞机的尾流场。尾流与尾涡是相同的概念。尾涡通常是指飞机一侧机翼后空气漩涡的内在特性。尾流侧重于描述这种空气漩涡对于后机的影响程度，通常是指两条尾涡耦合成的流场结构。

研究尾流场的模型构建对于尾流遭遇情形下的飞行仿真具有重要的意义。目前，常用的近距尾流模型一般由根据多普勒雷达探测数据与试验数据归纳而来，准确度和适用性均较高。但对于远距尾流场的建模仍没有一致的数学模型。本章在分析尾流的近距数学模型基础上，构建远距尾流场的长波不稳定模型和涡环模型，并使用网格吸附算法对坐标变换之后的不规则尾流场进行了规则化的三维散点插值，以得到适用性更广，更符合真实情况的不规则尾流模型。

## 4.6.1　机体和尾流场的相关参数

关于书中飞机机体和尾流场的相关参数说明见表 4.1。

**表 4.1　机体和尾流的相关参数**

| | |
|---|---|
| 飞机质量 | $M$（kg） |
| 机翼展长 | $B$（m） |
| 机翼面积 | $A$（m²） |
| 速度/来流速度 | $V$（m/s） |
| 展弦比 | $A_R = B^2/A$ |
| 重力加速度 | $g$（m/s²） |
| 大气密度 | $\rho$（kg/m³） |
| 初始尾涡涡强 | $\Gamma_0$（m²/s） |
| 初始涡核半径 | $r_c^0$（m） |
| 涡核半径 | $r_c$（m） |
| 相对展长，初始涡间距 | $b_0 = \pi B/4$（m） |
| 相对速度，双尾涡系的下降速度 | $w_0 = \Gamma_0/(2\pi b_0)$（m/s） |

续 表

| | |
|---|---|
| 相对时间 | $t_0 = b_0/w_0\,(\mathrm{s})$ |
| 前机距离 | $x\,(\mathrm{m})$ |
| 前机飞过的时间 | $t\,(\mathrm{s})$ |
| 无量纲前机距离 | $x^* = x/b_0 = 4x/B\pi$ |
| 无量纲时间 | $t^* = t/t_0$ |
| 无量纲速度 | $v^* = V/w_0$ |

对尾涡的典型参数说明如下:

切向速度 $v_\theta = \sqrt{v^2 + w^2}$:描述尾涡绕流的主要参数之一,$v$ 和 $w$ 分别为 $Y$ 方向与 $Z$ 方向的诱导速度,基于 $w_0$ 对其进行无量纲化后得到 $v_\theta^* = v_\theta/w_0$。

轴向涡量 $\omega_x = \partial w/\partial y - \partial v/\partial z$:基于 $t_0$ 对其进行无量纲化后得到 $\omega_x^* = \omega_x t_0$。

涡强 $\Gamma(r)$:其中 $r$ 是距涡核中心的法向距离。$\Gamma(r)$ 是涡量 $\omega_x$ 在 $yOz$ 面上的积分,是尾涡最重要的参数之一,公式见式(4.38)。对于单独的轴对称的涡流来说,涡强可表示为公式(4.39)。基于 $\Gamma_0$ 对其进行规范化后得到 $\Gamma^* = \Gamma/\Gamma_0$。

$$\Gamma = \oint v_\theta \mathrm{d}s = \int_{-\infty}^{\infty} \int_0^{\infty} \omega_x \mathrm{d}y\mathrm{d}z \tag{4.38}$$

$$\Gamma(r) = 2\pi r v_\theta(r) \tag{4.39}$$

涡核位置:通常对应于最大涡量的位置。计算公式如下:

$$\left.\begin{aligned} \bar{y} &= \frac{1}{\Gamma} \int_{-\infty}^{\infty} \int_0^{\infty} y\omega_x \mathrm{d}y\mathrm{d}z \\ \bar{z} &= \frac{1}{\Gamma} \int_{-\infty}^{\infty} \int_0^{\infty} z\omega_x \mathrm{d}y\mathrm{d}z \end{aligned}\right\} \tag{4.40}$$

涡核半径 $r_c$:通常是从涡核中心到尾涡最大 $v_\theta$ 处的距离。基于 $b_0$ 对其进行无量纲化 $r_c^* = r_c/b_0$。

扩散半径 $r_d$:通常是描述 $yOz$ 平面上轴向涡量的扩散尺度。基于 $b_0$ 对其进行无量纲化 $r_d^* = r_d/b_0$。

$$r_d^2 = \frac{1}{\Gamma} \int_{-\infty}^{\infty} \int_0^{\infty} ((y - \bar{y})^2 + (z - \bar{z})^2) \omega_x \mathrm{d}y\mathrm{d}z \tag{4.41}$$

尾涡间距 $b$:表示尾流场中双尾涡系涡核之间的法向距离。基于 $b_0$ 对其进行无量纲处理,$b^* = b/b_0$。

尾涡雷诺数:$Re_\Gamma = \Gamma/v$。

书中所研究内容以某型飞机在 100 m 低空产生的尾流场为标准,具体参数见表 4.2。下文其他章节中所有算例均使用表 4.2 中的参数。

**表 4.2 前机与尾流场的初始参数**

| 参数 | $M/\text{kg}$ | $B/\text{m}$ | $V/(\text{m} \cdot \text{s}^{-1})$ | $A_R$ | $\Gamma_0/(\text{m}^2 \cdot \text{s}^{-1})$ | $r_c^0/\text{m}$ | $t_0/\text{s}$ | $v^*$ |
|------|------|------|------|------|------|------|------|------|
| 具体数值 | 69 000 | 50 | 80 | 11 | 430 | 0.53 | 23.5 | 46.8 |

### 4.6.2 近距尾流数学模型

此阶段为尾涡的相对稳定阶段,涡强的衰减速率较慢。本书采用经过多普勒雷达观测数据和风洞试验数据简化而来的数学模型对这一阶段的尾涡特性进行建模。常用的几种数学模型如下:

Rankine 模型:

$$v_\theta(r) = \begin{cases} \dfrac{\Gamma}{2\pi r_c} \dfrac{r}{r_c}, & r \leqslant r_c \\ \dfrac{\Gamma}{2\pi r}, & r > r_c \end{cases} \tag{4.42}$$

Lamb Oseen 模型:

$$v_\theta(r) = \frac{\Gamma}{2\pi r}\{1 - \exp(-1.252\ 6\ (r/r_c)^2)\} \tag{4.43}$$

Hallock Burnham 模型:

$$v_\theta(r) = \frac{\Gamma}{2\pi r}\frac{r^2}{r^2 + r_c^2} \tag{4.44}$$

Proctor 模型:

$$v_\theta(r) = \begin{cases} 1.4\dfrac{\Gamma}{2\pi r}\{1 - \exp(-10\ (r_c/B)^{0.75})\}\{1 - \exp(-1.252\ 6\ (r/r_c)^2)\}, & r \leqslant r_c \\ \dfrac{\Gamma}{2\pi r}\{1 - \exp(-10\ (r/B)^{0.75})\}, & r > r_c \end{cases} \tag{4.45}$$

Winckelmans 模型:

$$v_\theta(r) = \left\{1 - \exp\left(-\frac{\beta_i\ (r/B)^2}{\{1 + [(\beta_i/\beta_0)\ (r/B)^{5/4}]^p\}^{1/p}}\right)\right\} \tag{4.46}$$

通常情况下 $\beta_0, \beta_i, p$ 分别为 $10, 500, 3$。

Jacquin 模型:

$$v_\theta(r) = \begin{cases} \dfrac{\Gamma}{2\pi r}\dfrac{r}{(r_i r_o)^{0.5}}, & r \leqslant r_i \\ \dfrac{\Gamma}{2\pi (r_o r)^{0.5}}, & r_i \leqslant r \leqslant r_o \\ \dfrac{\Gamma}{2\pi r}, & r \geqslant r_o \end{cases} \tag{4.47}$$

通常 $r_i \leqslant 0.01\beta, r_o \approx 0.1\beta$。

图 4.3 所示，为利用不同的尾流模型计算得出的 $v_\theta$ 曲线。可以看出，Lamb Oseen，Hallock Burnham，Proctor，Winckelmans 模型的趋势大致相同，这四种模型由于是采用多普勒雷达实际测量数据归纳而来的，因此能反映真实尾流场的状况。书中对近距尾流场的建模采用的是 Proctor 模型，如图 4.4 所示为使用 Proctor 模型建立的近距尾流参数 $v_\theta$ 的二维及三维结构。

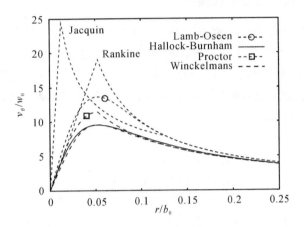

图 4.3 不同尾流模型产生的 $v_\theta$ 比较

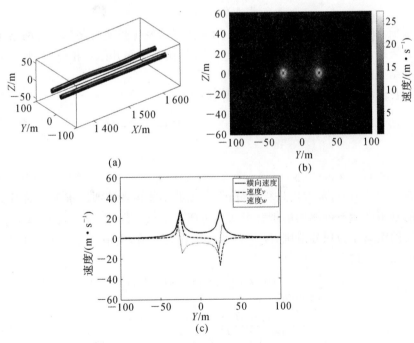

图 4.4 基于 Proctor 模型的尾流参数 $v_\theta$ 的分布模型

(a)三维流场； (b)二维云图； (c)过涡核的速度分布图

图 4.4(a)为 $X$ 轴为 1 350～1 650 m 范围内 $v_\theta = 15$ m/s 时的三维流场结构图;图 4.4(b)为 $X$ 轴为 1 500 m 时 $YOZ$ 截面上 $v_\theta$ 的二维云图;图 4.4 (c)为在图 4.4 (b)上沿 $Y$ 轴方向穿过涡核的速度分布曲线。其中横向速度表示 $v_\theta$,速度 $v$ 表示尾流诱导速度在 $Y$ 轴上的分量,速度 $w$ 表示尾流诱导速度在 $Z$ 轴上的分量。

### 4.6.3　长波不稳定阶段模型

长波不稳定阶段模型也称为 Crow 不稳定或者长波振荡阶段。此阶段为尾流的快速衰减阶段,在长波不稳定阶段尾流场内的两尾涡开始互相耦合与链接。根据多普勒雷达观测数据,总结尾涡的三阶段特性,使用正弦扰动描述尾流在 Crow 不稳定阶段的长波振荡,涡核在 $YOZ$ 平面的位置基于 $X$ 轴坐标做周期性振荡,其坐标 $x_v, y_v, z_v$ 公式如下。

当 $\Gamma_v = -\Gamma$ 时,

$$\left.\begin{aligned} x_v &= x + x_A \\ y_v &= +b/2 + A_v b\cos(\alpha x_v) \\ z_v &= +A_v b\cos(\alpha x_v) \end{aligned}\right\} \tag{4.48}$$

当 $\Gamma_v = +\Gamma$ 时,

$$\left.\begin{aligned} x_v &= x + x_A \\ y_v &= -b/2 + A_v b\cos(\alpha x_v) \\ z_v &= +A_v b\cos(\alpha x_v) \end{aligned}\right\} \tag{4.49}$$

幅值参数 $A_v$(见图 4.5～图 4.8)用来描述从发生长波震荡到最终两条尾涡相互耦合链接的各个不同阶段。当 $A_v = 0.5$ 时,两条尾涡开始互相链接,此时为长波振荡的结束阶段,亦为涡环阶段的开始。

在长波振荡阶段,尾流场内的诱导速度为

$$v(x_A, y_A, z_A) = \frac{\Gamma_v}{4\pi} \int_{-\infty}^{\infty} \frac{(yz'_v - zy'_v)\boldsymbol{i}}{r^3} + \frac{(zx'_v - xz'_v)\boldsymbol{j}}{r^3} + \frac{(xy'_v - yx'_v)\boldsymbol{k}}{r^3} \mathrm{d}x \tag{4.50}$$

式中　$x = x_v - x_A$; $y = y_v - y_A$; $z = z_v - z_A$; $r = [x^2 + y^2 + z^2]^{1/2}$。式(4.50)由于要在 $-\infty \sim +\infty$ 范围内进行积分运算,因此不能由数值方法求解。而对于尾流场内的众多坐标不可能用解析解形式表示所有的点。因此,选取以 $x_A$ 坐标前后 $N$ 个波长的距离作为积分范围,$N$ 可以取一个较大的值,文中 $N$ 为 30。则式(4.50)可写成如下形式:

$$v(x_A, y_A, z_A) = \frac{\Gamma_v}{4\pi} \int_{-N\lambda/2 + \bar{x}_A}^{N\lambda/2 + \bar{x}_A} \left( \frac{(yz'_v - zy'_v)\boldsymbol{i}}{r^3} + \frac{(zx'_v - xz'_v)\boldsymbol{j}}{r^3} + \frac{(xy'_v - yx'_v)\boldsymbol{k}}{r^3} \right) \mathrm{d}x \tag{4.51}$$

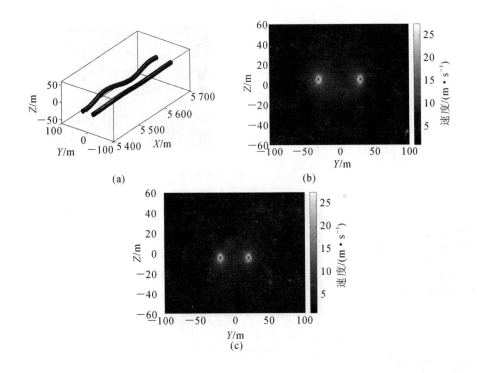

图 4.5　$A_v = 0.1$ 时的尾流场结构图

(a)$v_\theta = 15$ m/s 的三维尾流场；　(b)波峰处 $v_\theta$ 的二维云图；　(c)波谷处 $v_\theta$ 的二维云图

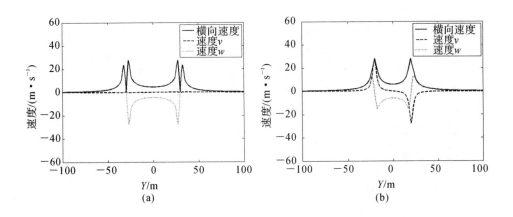

图 4.6　$A_v = 0.1$ 时沿穿过涡核的 $Y$ 轴方向的速度分布

(a)波峰处速度分布曲线；　(b)波谷处速度分布曲线

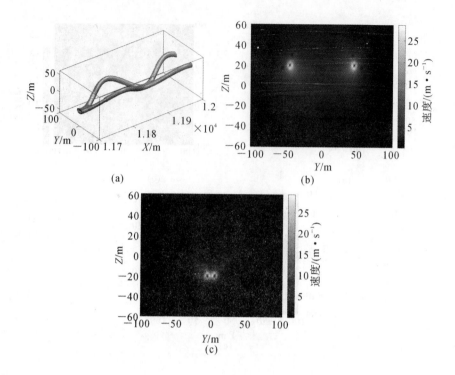

图 4.7  $A_v = 0.4$ 时的尾流场结构图

(a)$v_\theta = 15$ m/s 的三维流场；  (b)波峰处 $v_\theta$ 的二维云图；  (c)波谷处 $v_\theta$ 的二维云图

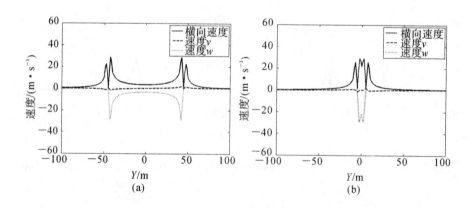

图 4.8  $A_v = 0.4$ 时沿穿过涡核的 $Y$ 轴方向的速度分布

(a)波峰处速度分布曲线；  (b)波谷处速度分布曲线

### 4.6.4 涡环阶段模型

在前机机翼两侧的两尾涡系经过长波不稳定阶段后开始相互耦合,形成了振荡发展的涡环结构。此阶段尾流强度已经大幅消减,衰减速率开始下降。此时 $\Gamma_v = +\Gamma$,可用下式表示坐标 $(x_v, y_v, z_v,)$:

$$\left.\begin{aligned} x_v &= n\lambda + a_1\cos(s) \\ y_v &= b_1\sin(s) + b_2\sin(3s) \\ z_v &= c_1\cos(2s) + c_2 \end{aligned}\right\} \tag{4.52}$$

其中:

$$a_1 = +b[1.3 + (\lambda/b/2.1 - 1.3)(1 - T_v)^3] \tag{4.53}$$

$$\left.\begin{aligned} b_1 &= -b[0.95 + (\lambda/b/2.1 - 1)\sin(\pi/5.2T_v - 0.1)] \\ b_2 &= -b(1 - T_v)^5\sin(\pi T_v - 0.2) \end{aligned}\right\} \tag{4.54}$$

$$\left.\begin{aligned} c_1 &= -b\cos(\pi/2T_v - \pi/6) \\ c_2 &= -0.4b \end{aligned}\right\} \tag{4.55}$$

其中,$n = (\cdots -2, -1, 0, 1, 2, \cdots)$;$s \in [0, 2\pi)$。$T_v$ 从尾涡系开始耦合形成涡环的时刻开始的无量纲时间;$T_v = 0$ 表示涡环形成的初始时刻;$T_v = 1$ 表示单个涡环的 $X$ 轴最大坐标和最小坐标开始互换位置的时刻,即单个涡环分裂为左右两个涡环的时刻。在 $T_v > 1$ 的时刻尾涡已经几乎彻底消散,涡环特征已经不明显,已经没有必要研究 $T_v > 1$ 之后的尾流场特性。

$$v(x_A, y_A, z_A) = \sum_{n=-\infty}^{\infty} \frac{\Gamma_v}{4\pi} \int_0^{2\pi} \left( \frac{(yz'_v - zy'_v)\boldsymbol{i}}{r^3} + \frac{(zx'_v - xz'_v)\boldsymbol{j}}{r^3} + \right.$$
$$\left. \frac{(xy'_v - yx'_v)\boldsymbol{k}}{r^3} \right) \mathrm{d}s \tag{4.56}$$

同长波不稳定阶段的处理方式相同,将公式(4.56)转变成有限 $N$ 个涡环在点 $(x_A, y_A, z_A)$ 处的诱导速度,即

$$v(x_A, y_A, z_A) = \sum_{n=-(N-1)/2}^{(N-1)/2} \frac{\Gamma_v}{4\pi} \int_0^{2\pi} \left( \frac{(yz'_v - zy'_v)\boldsymbol{i}}{r^3} + \frac{(zx'_v - xz'_v)\boldsymbol{j}}{r^3} + \right.$$
$$\left. \frac{(xy'_v - yx'_v)\boldsymbol{k}}{r^3} \right) \mathrm{d}s \tag{4.57}$$

式中,$\Gamma_v = +\Gamma$,$x = x_v - x_A$;$y = y_v - y_A$;$z = z_v - z_A$;$r = [x^2 + y^2 + z^2]^{1/2}$。采用公式(4.57)构建涡环结构如图 4.9 和图 4.10 所示。

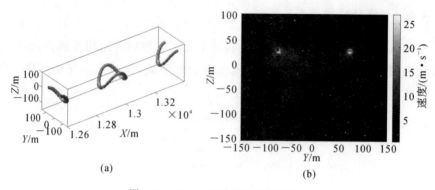

图 4.9 $T_v=0.5$ 时的涡环结构图

(a)$v_\theta=8\ m/s$ 的三维流场； (b)涡环最高点处 $v_\theta$ 的二维云图

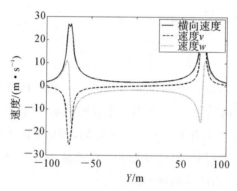

图 4.10 $T_v=0.5$ 时在涡环最高点处沿穿过涡核的 $Y$ 轴方向的速度分布

### 4.6.5 对尾流衰减过程的典型外部影响因素分析

为进一步逼近真实的尾流场状态以及为第 5 章节中基于蒙特卡洛法提取尾流模型做铺垫,根据以往的研究工作,分析对尾流衰减效应有影响的外部环境因素。由于尾流的衰减机理异常复杂且影响其衰减过程的因素众多,故目前 NASA,FAA,ICAO 等机构对尾流的衰减机理并没有确定的解释,相关研究仍在不断进行当中。目前被业界公认的对尾流衰减有作用的影响因素有温度分层、涡流耗散率、风切变与横向风效应、前机发动机扰流、Crow 链接因子和地面效应[66-70]。

近年来的研究表明,描述温度分层的 Brunt-Väisälä 频率 $N$ 和涡流耗散率 $\varepsilon$ 对尾流衰减的影响作用远远大于其他外部影响因素[70-71],因此对温度分层和涡流耗散率的研究目前是尾流衰减机理研究的热点。其中 $N$ 与温度沿高度的梯度有直接关系,无量纲化的 $N$ 可写成 $N^* = Nt_0$。$\varepsilon$ 和大气紊流中参数 $\sqrt{u'^2+v'^2+w'^2}$ 有直接关系,无量纲化的 $\varepsilon$ 可写成 $\varepsilon^* = (\varepsilon b_0)^{1/3}/w_0$。

根据近年来的研究成果,书中以温度分层和涡流耗散率为例对构建尾流影响因素模型进行说明。首先根据试验条件中某地气象条件的年均统计,构建参数 $N^*$ 和 $\varepsilon^*$ 取值范围的概率模型,结合文献[76]~[78],确定 $N^*$ 和 $\varepsilon^*$ 的概率密度符合正态分布,给出其年均分布图,如图 4.11 所示。根据文献[69][70]中参数 $N^*$ 和 $\varepsilon^*$ 对尾流衰减过程中尾涡强度的影响,构建基于 $N^*$ 和 $\varepsilon^*$ 的尾流参数查询曲线模型(见图 4.12)。

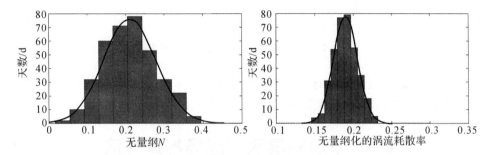

图 4.11 $N^*$ 与 $\varepsilon^*$ 的分布图

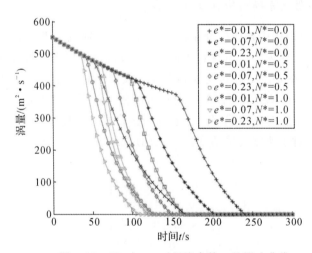

图 4.12 $N^*$ 与 $\varepsilon^*$ 对尾流参数 $\Gamma$ 的影响曲线

在第 5 章的蒙特卡洛法仿真过程中,首先根据影响因素 $N^*$ 和 $\varepsilon^*$ 的取值范围与概率密度(见图 4.11),随机提取各影响因素的取值;而后根据其对尾流场主参数 $\Gamma$ 的影响曲线(见图 4.12),检索 $\Gamma$ 的具体数值。如此便可建立近似反映真实情况下随机性与不确定性的尾流场模型。

在尾流的衰减过程,根据大量雷达观测数据与尾涡 CFD 仿真数据[70-71]得出

涡核半径 $r_c$ 的变化模型,如图 4.13 所示。

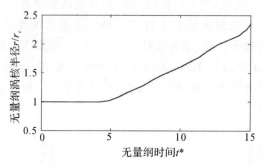

图 4.13　涡核半径 $r_c$ 随时间的变化曲线

由于对尾流场衰减特性的研究不是本书研究的主要内容,关于其他影响因素的取值概率与对尾流场各参数的影响可参见相关文献[72-83]。

## 4.7　不规则复杂气流场构建方法

### 4.7.1　不规则气流场的坐标变换方法

以尾流为例,目前国内外所研究尾流场一般是基于前机平飞这个前提的,较少有不规则气流场的构建内容。但在真实情况下,前机由于姿态的改变亦会对气流场产生影响。鉴于此,引入俯仰变换矩阵 $\boldsymbol{L}_\theta$(式(4.58))、滚转变换矩阵 $\boldsymbol{L}_\varphi$(式(4.59))、偏航变换矩阵 $\boldsymbol{L}_\psi$(式(4.60)),对气流场的坐标系及速度进行旋转变化从而构建不规则气流场。对于主涡环坐标系的变换公式(式(4.61)),其中 $x_P, y_P, z_P$ 为旋转轴心坐标。对于速度矢量的变换公式(4.62),根据美式坐标系定旋转轴心为前机重心处。

$$\boldsymbol{L}_\theta = \begin{bmatrix} \cos\theta & 0 & \sin\theta \\ 0 & 1 & 0 \\ -\sin\theta & 0 & \cos\theta \end{bmatrix} \tag{4.58}$$

$$\boldsymbol{L}_\varphi = \begin{bmatrix} 1 & 0 & 0 \\ 0 & \cos\varphi & \sin\varphi \\ 0 & -\sin\varphi & \cos\varphi \end{bmatrix} \tag{4.59}$$

$$\boldsymbol{L}_\psi = \begin{bmatrix} \cos\psi & \sin\psi & 0 \\ -\sin\psi & \cos\psi & 0 \\ 0 & 0 & 1 \end{bmatrix} \tag{4.60}$$

$$\begin{bmatrix} x_{\text{new}} \\ y_{\text{new}} \\ z_{\text{new}} \end{bmatrix} = \boldsymbol{L}_\theta \boldsymbol{L}_\varphi \boldsymbol{L}_\psi \begin{bmatrix} x - x_P \\ y - y_P \\ z - z_P \end{bmatrix} + \begin{bmatrix} x_P \\ y_P \\ z_P \end{bmatrix} \tag{4.61}$$

$$\begin{bmatrix} u_{\text{new}} \\ v_{\text{new}} \\ w_{\text{new}} \end{bmatrix} = \boldsymbol{L}_\theta \boldsymbol{L}_\varphi \boldsymbol{L}_\psi \begin{bmatrix} u \\ v \\ w \end{bmatrix} \tag{4.62}$$

### 4.7.2　针对不规则三维散点坐标的插值算法

经过变换后的坐标排列是不规则的,因为飞行实时仿真需要根据复杂气流场模型数据动态插值每个坐标点的速度矢量,故这种混乱不规则的坐标排列在飞行仿真计算中是无法使用的,需将变换后坐标点对应的速度矢量插值拟合到标准的升序排列三维坐标点上。

关于三维散点数据的插值方法主要分为基于整体的插值方法和基于局部的插值方法。研究区域内所有采样点特征值建立的插值方法称为基于整体的插值方法,其特点是不能提供内插区域的局部特性,结果不够精确且计算量较大,故不易在实时仿真中采用。

基于局部的插值算法的思路是,首先设 $\boldsymbol{x}_1,\cdots,\boldsymbol{x}_n$ 为不规则气流场插值区域内的坐标,其中 $\boldsymbol{x}$ 为矢量形式,对应气流场内坐标 $[X, Y, Z]$。$Z(\boldsymbol{x}_1),\cdots,Z(\boldsymbol{x}_n)$ 对应于坐标点取值。插值点 $\boldsymbol{x}_0$ 处的值 $Z(\boldsymbol{x}_0)$ 可用一个线性组合来表示

$$Z(\boldsymbol{x}_0) = \sum_{i=1}^{n} \lambda_i Z(\boldsymbol{x}_i) \tag{4.63}$$

典型的插值算法包括算数平均值法、距离倒数加权法、最近邻点法、径向基函数法和克立金法(Kriging)。

算术平均值方法以局部区域内所有已知点的平均值来估计插值点的变量值,公式如下:

$$Z(\boldsymbol{x}_0) = \frac{1}{n} \sum_{i \in \Omega} Z(\boldsymbol{x}_i) \tag{4.64}$$

式中　$\Omega$——插值区域;

　　　　$n$——给定区域内点的数目。

距离倒数加权权重 $\lambda_i$ 的赋值表达式为

$$\lambda_i = \frac{\left[d(\boldsymbol{x}_0,\boldsymbol{x}_i)\right]^{-\alpha}}{\sum\limits_{i=1}^{m} \left[d(\boldsymbol{x}_0,\boldsymbol{x}_i)\right]^{-\alpha}} \quad (i=1,2,\cdots,m;\quad \alpha > 0) \tag{4.65}$$

幂指数 $\alpha$ 越小,权重取平均值的概率就越大;$\alpha$ 越大,越近的点权重就越大,越远的点权重就越小。当 $\alpha$ 为零时,即为等权模型,即 $\lambda_i = 1/m$,等权虽然简单易操作。当采用下列公式确定权值 $\lambda_i$ 时,此时插值点数值为待插点取最邻近点的值,

也就是最近邻点插值法。

$$\lambda_i = \begin{cases} 1, & d(x, x_i) = \min[d(\boldsymbol{x}, \boldsymbol{x_1}), d(\boldsymbol{x}, \boldsymbol{x_2}), \cdots, d(\boldsymbol{x}, \boldsymbol{x_n})] \\ 0, & \text{其他} \end{cases} \tag{4.66}$$

径向基本函数法是利用采样数据生成径向基函数来对插值点进行拟合的,可以生成较平滑的曲面来对数据进行处理,权重 $\lambda_i$ 的赋值表达式如下:

$$\lambda_i = f_i(\boldsymbol{x_1}, \cdots, \boldsymbol{x_n}) \tag{4.67}$$

$f_i$ 是由插值区域内坐标 $\boldsymbol{x_1}, \cdots, \boldsymbol{x_n}$ 与取值 $Z(\boldsymbol{x_1}), \cdots, Z(\boldsymbol{x_n})$ 拟合而成的径向基函数。

克立金法是从变量相关性和变异性出发,在有限区域内对区域化变量的取值进行无偏、最优估计的一种方法。从插值角度讲是对空间分布的数据求线性最优、无偏内插估计的一种方法,是常用插值法中精度最高的算法。

书中对于插值算法精度的比较以克立金法计算出的值为参考标准。几种插值算法的比较见表 4.3。

### 表 4.3 常用三维散点插值算法对比

| 插值算法 | 优点 | 缺点 | 适用条件 |
|---|---|---|---|
| 最近邻点插值法 | 过程最简单,计算效率最高且不受前提条件的约束 | 插值结果受样本点的影响大,缺乏对其他空间因素和变量自身所具有固有规律的考虑。实际应用中,效果常不十分理想 | 样本点分布均匀,完整,空间变异性不很明显,只存在少量数据的缺失 |
| 算数平均值插值法 | 算法简单,容易实现 | 仅仅考虑了样本点的算术平均,忽略了样本点间存在的空间联系 | 样本点分布均匀密集而且变化平缓,常用于局部降噪,适用范围窄 |
| 距离反比插值法 | 算法简便易行,是一种比较精确的插值算法 | 对权重函数的选择十分敏感,易受数据点集群的影响,有可能出现一种孤立点数据明显高于周围数据点的异常分布模式 | 样本点分布均匀,密集且样本点含有区域特征信息 |
| 径向基函数插值法 | 引入平滑因子,插值结果表面比较光滑 | 当区域内采样点局部变异性较大或采样数据具有较大不确定性时,难以保证估计数据的准确性 | 适用于样本点数据集大、表面变化平缓的情况 |
| 克立金插值法 | 给出估计误差,充分考虑空间变量的相关性,有效弥补数据集存在的聚类影响,插值精度在目前常用的方法中最高 | 计算步骤烦琐,插值速度较慢 | 适用于采样区域的样本数据同时存在随机性和结构性的情况下 |

### 4.7.3　网格吸附插值算法

由于在下文的蒙特卡洛法仿真中每次迭代计算前都需对复杂气流场进行插值处理,而后再进行飞行仿真计算。因此,三维插值算法的速度直接影响到整个分布式仿真系统的运行效率以及飞行仿真单元在蒙特卡洛法迭代中总的运行时间。4.7.2节中介绍的插值算法均无法满足分布式仿真中对插值速度的要求,故需一种在保持较高插值精度的基础上较快速的三维插值算法。

因此本书提出了网格吸附插值法,其核心思想是由空间已知点坐标向最近的插值网格点坐标进行吸附。如图 4.14 所示,首先构建规则的插值网格点坐标,空间八个相邻的插值网格点构成了一个立方体。立方体中包含不规则的已知点坐标。将立方体分成体积相等的八块,八个插值网格点分别对应以自身为顶点的小立方体。依据不规则已知点坐标判断其所处的小立方体位置,而后向该小立方体对应的插值网格点吸附,同时被吸附的插值网格点获得不规则已知点上的取值。如此,便可快速完成整个空间网格的初次插值。

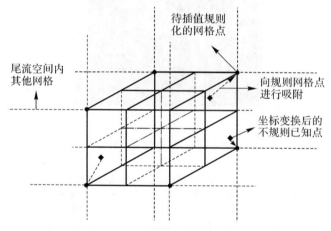

图 4.14　网格吸附法示意图

由于不规则已知点的分布形式,初次插值之后会存在没有被不规则已知点吸附的插值网格点,这些点在三维空间内形成了"数值漏洞",如图 4.15 所示。所以须进行有选择性的二次插值,在初次插值结束后,根据所记录的"数值漏洞"坐标点周围 6 个有值坐标点的取值进行线性插值,将"数值漏洞"补全。

书中所提出的网格吸附法与表 4.3 中速度最快的最近邻点法不同的是,最近邻点法需要计算插值网格点坐标与相邻的各个不规则已知点的距离,而网格吸附法甚至无须进行距离的计算,只须判断不规则已知点在规则插值网格内所处的区间。因此它比最近邻点法的速度更快,效率更高。根据三维气流场内插值网格点数目的不同,使用 RTW(Real Time Workshop)实时仿真系统进行算法效率测试,系统单核主频为 2.3 GHz,计算使用总内存为 4 GB。

比较表 4.3 中算法和网格吸附法所用的平均插值时间与计算精度,如表 4.4 和图 4.16 所示。其中表 4.4 中的平均插值时间的单位为 s。图 4.16 中的计算精度采用如下相对误差形式:

$$E_{RMS} = \sqrt{\frac{1}{m}\sum_{i=1}^{m}\left(\frac{x^i - x^i_{Kriging}}{x^i_{Kriging}}\right)^2} \qquad (4.68)$$

式中     $m$—— 待插值网格坐标点数量;

       $x^i_{Kriging}$—— 克立金算法计算出的网格点取值;

       $x^i$—— 其他插值算法计算出的网格点取值。

式(4.68)实质是计算各插值算法相对于精度最高的克立金算法的误差。

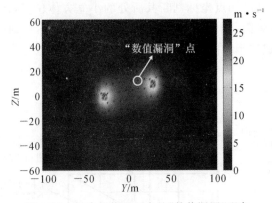

图 4.15   初次插值过程中的"数值漏洞"现象

**表 4.4   插值算法的平均插值时间**       (单位:s)

| 插值算法 | 最近邻点插值法 | 算数平均值插值法 | 距离反比插值法 | 径向基函数插值法 | 克立金插值法 | 网格吸附插值法 |
|---|---|---|---|---|---|---|
| 插值点数量/$10^5$个 | 0.093 | 0.56 | 1.33 | 1.61 | 3.57 | 0.021 |
| 插值点数量/$10^7$个 | 1.89 | 2.83 | 3.94 | 15.51 | 92.15 | 0.73 |

通过表 4.4 可以看出,在三维插值点数量为 $10^7$ 量级的时候,克立金插值法完成插值计算的时间高达 92.15 s,而网格吸附插值法只需 0.73 s 即可计算完毕,比最近邻点插值法所需的 1.89 s 还要快速。通过图 4.16 可以看出,书中提出的网格吸附法在插值网格点数量比较少的时候,其精度并不理想。当网格只有 100 个的时候,精度为所有算法中最差,相对误差高达 12%。这主要是由于网格吸附法在插值网格上存在漏洞点,网格点数量越少,对漏洞点的放大效果越明显,误差必

然增大。但随着插值区域密度的提高,网格数量相应增加,网格吸附法的相对误差减小较快,其精度有了较大的提高,当网格数量为 $10^7$ 量级时,网格吸附法的相对误差仅有 $0.7\%$,其精度与距离反比法相当,但仍稍不足于径向基函数法 $0.55\%$ 的相对误差。由于复杂气流场区域内的插值网格点数量一般在 $10^6 \sim 10^7$ 之间,结合表 4.4 中网格吸附法的插值速度最快这一优点,不难看出书中提出的网格吸附法对于大数据量气流场网格坐标的插值效率是最高的,较适合于复杂气流情形。

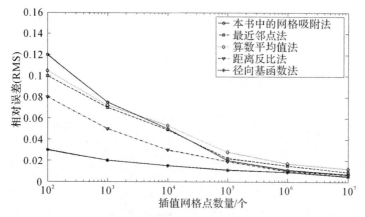

图 4.16　各插值算法与克立金算法的相对误差

# 4.8　复杂气流模型构建算例

### 4.8.1　大气紊流与不规则微下击暴流相耦合的算例分析

为验证外部环境影响模型的有效性,选择较复杂的低空大气紊流耦合不规则微下击暴流进行算例分析。利用三个涡环来构成不规则微下击暴流风场,坐标范围为 $[X:0 \sim 6\,000,Y:0 \sim 6\,000,Z:0 \sim 800]$。第一个涡环的中心点坐标为 $[3\,000,3\,000,600]$,$R = 900$ m,$r = 455$ m,$\Gamma = 18\,000$ m$^2$/s,俯仰偏角为 $15°$,滚转偏角为 $5°$;第二个涡环的中心点坐标为 $[2\,500,2\,500,500]$,$R = 700$ m,$r = 300$ m,$\Gamma = -10\,000$ m$^2$/s,俯仰偏角为 $10°$,滚转偏角为 $-5°$;第三个涡环的中心点坐标为 $[3\,000,4\,000,600]$,$R = 800$ m,$r = 400$ m,$\Gamma = 11\,000$ m$^2$/s,俯仰偏角为 $25°$,滚转偏角为 $15°$。按照书中不规则气流场的坐标变换与三维插值方法,根据要生成风场的结构特性对微下击暴流风场进行不规则变换与三维散点插值排序。所得结果如图 4.17 ～ 图 4.22 所示。

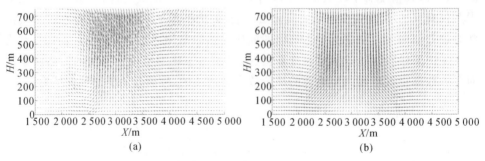

图 4.17　在剖面[$Y = 3\ 000$ m]上的风速矢量图

(a)构建的不规则风场；　(b)规则风场

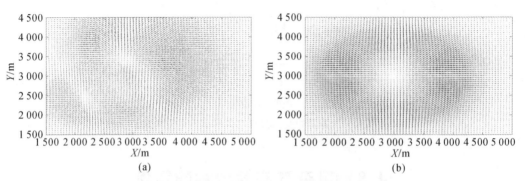

图 4.18　在剖面[$Z = 400$ m]上的风速矢量图

(a)构建的不规则风场；　(b)规则风场

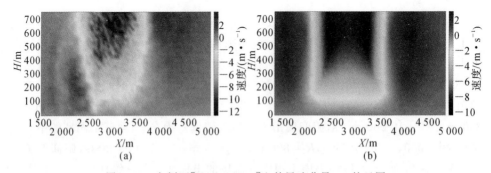

图 4.19　在剖面[$Y = 3\ 000$ m]上的风速分量 $w_z$ 的云图

(a)构建的不规则风场；　(b)规则风场

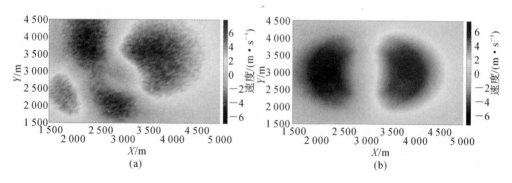

图 4.20　在剖面[$Z=400\text{m}$]上的风速分量 $w_x$ 的云图

(a)构建的不规则风场；（b)规则风场

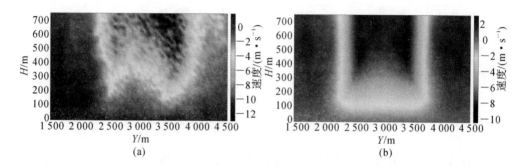

图 4.21　在剖面[$X=3\,500\text{ m}$]上的风速分量 $w_z$ 的云图

(a)构建的不规则风场；（b)规则风场

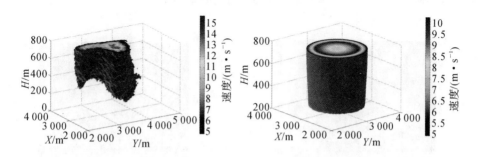

图 4.22　三维空间内 $w_z=-5$ m/s 的结构图

(a)构建的不规则风场；（b)规则风场

从图 4.17～图 4.22 中可以看出,相比于规则风场,书中对不规则微下击暴流的构建是成功有效的,构建的风场不再沿轴线对称,较符合实际情况;并且由于加入了紊流的作用,速度场存在明显的不规则湍动,较好地反映了低空大气紊流对不规则风场随机性的影响。

### 4.8.2 不规则尾流场的构建算例分析

本书以前机保持滚转角−10°为例计算尾流场的不规则变化情况,根据公式(4.59)引入滚转变换矩阵,经过变换并使用网格吸附法对三维散点坐标进行插值后的三维尾流场结构如图 4.24 所示,与图 4.23 未经变换的尾流场结构相比,可以看出图 4.24 中三维尾流场向 Y 轴负方向旋转了10°(图 4.24 中 Y 轴坐标为反向排序)。

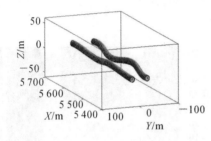
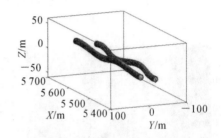

图 4.23  变换之前三维尾流场结构　　　图 4.24  变换之后三维尾流场结构

在 $X = 5\,500$ m 处 $yOz$ 截面上的横向速度 $v_\theta$ 云图如图 4.26 所示,通过对比图 4.25 亦可以看出尾流场向左旋转了10°,与前机保持滚转角−10°相一致。图 4.27 所示为使用精度最高的克立金插值法得出相同位置处低网格密度情形下的横向速度云图,对比图 4.26 亦可看出两者基本一致,网格吸附法满足精度的要求。

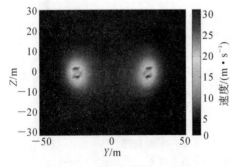
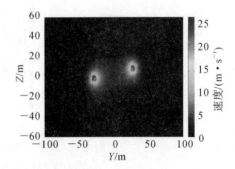

图 4.25  变换之前的 $v_\theta$ 云图　　　图 4.26  采用网格吸附法变换后的 $v_\theta$ 云图

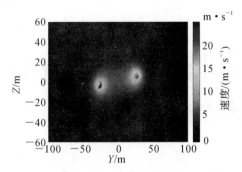

图 4.27　采用克立金法变换后的 $v_\theta$ 云图

# 4.9　本章小结

　　本章介绍了几种常用复杂外部气流模型的构建方法,主要包括大气环境模型、离散突风模型、大气紊流模型、风切变与微下击暴流模型、尾流模型。首先详细介绍了涡环法构建微下击暴流模型的思路。在分析尾流场参数的基础上,对目前常用的六种近距尾流数学模型进行了研究。结合正弦扰动构建了尾涡的长波振荡模型与涡环模型,可以较好地反映远距尾流场的运动特性。考虑前机姿态不稳定情况对尾流场的影响,研究了不规则气流场的坐标变换方法,并分析了对不规则气流场的网格坐标点进行规则化的三维散点插值方法,提出了较适用于书中复杂气流情形的网格吸附法。插值算法的比较结果表明网格吸附法在气流场网格坐标点密度达到 $10^7$ 量级时的插值速度为所有常用插值算法最快。最后给出了复杂气流建模的两个算例。

# 第5章
# 基于蒙特卡洛法仿真的飞行参数极值提取

## 5.1 引　言

　　复杂气流条件下内外部影响因素具有复杂随机的特性,主要体现在:一是复杂的物理特性,这里所说的物理特性是指人员操纵、航空器运动、气流场中能用解析方法描述部分的特性,一般具有确定性的数学模型,其复杂性主要是指各部分中的非线性;二是复杂的随机特性,是指人-机-环境组合中不能用解析方法描述部分的特性,包括外部环境因素、驾驶员个体操纵的差异、航空器故障的随机发生,以及气流场内其他不可预见性等,其复杂性主要指各部分的不确定性或随机性。研究复杂气流条件下内外部影响因素的随机性需要的数据量较大,试飞数据与人在回路地面试验数据无法满足数据量的要求;加之极端气流遭遇情形风险较大,且由于需模拟条件众多导致所需试验条件苛刻。以上原因使得采用蒙特卡洛法仿真的手段成为较为有效的途径。本章首先基于分布式框架构建人-机-环境仿真系统,而后研究飞行仿真中典型模型的构建技术,基于蒙特卡洛法考虑复杂气流遭遇风险的随机性,对三维空间内的每个复杂气流遭遇点进行大数据量的计算,从而提取多元极值参数,有效地考虑复杂气流条件下的随机性和复杂性。将所提取的飞行参数极值与试验数据进行对比分析,并提出飞行风险的判定公式。

## 5.2　分布式人-机-环境实时仿真系统

　　书中的分布式仿真系统基于 HLA 标准。HLA 是美国国防部推出的分布交互仿真标准。它是对先前所开发并成功应用于某些特定类型的仿真中的体系结构及相关标准的改进。提供一个适用于所有类型的仿真的通用的体系结构,因此它优于基于网络的、实时的、平台级的分布交互式仿真体系结构和用于逻辑时间上构造性仿真的聚合级仿真体系结构。

　　构建基于 HLA 体系的分布式事故模拟系统如图 5.1 所示。系统总的延迟小于 20 ms,帧速率为 50 帧/s,联邦单元间的同步误差不高于 10 ms。该系统具有开放式的分布仿真体系结构,可以根据需要扩展或重载具有 HLA 体系结构的联邦单元,联邦成员间可以互操作,显著地改善了仿真组件的实用性。各个联邦单元均可以重载、扩展和互操作。

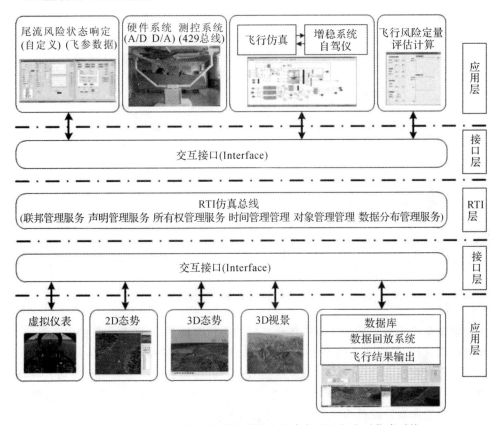

图 5.1 基于 HLA 体系结构的复杂气流条件下飞行实时仿真系统

系统中各个联邦成员的特点及功能如下:

(1)仿真初始化联邦:兼有底事件响定条件设置和仿真运行控制的功能,它对整个飞行仿真的计算过程进行监控和管理,可以是对现有飞行参数的动态响应,也可以根据数据库中的相关信息完成对初始仿真事件的设置。在初始化阶段向各联邦成员发送初始化命令及成员初始化信息;在接收到所有成员初始化成功信息后,向各成员发送仿真开始控制命令;在本次仿真结束时,向总线发送仿真结束控制命令。在仿真开始后,等待从总线接受评估反馈联邦发出的重新迭代计算的交互类信号,接到信号后,结束上次仿真,对初始条件进行重新设置,而后重启仿真(GUI界面如图 5.2 所示)。

(2)硬件测控联邦:测控系统从 RTI 仿真总线接到仿真开始交互类(交互信号)后开始将从硬件系统采集的舵面和油门信号以数组的格式送入 RTI 仿真总

线。测控系统在飞行仿真开始后同时从总线中获取舵面及油门的数字反馈信号和其他飞行参数数据,并通过 D/A 和 429 总线送入硬件系统为操纵、电气、航电等系统提供信号。

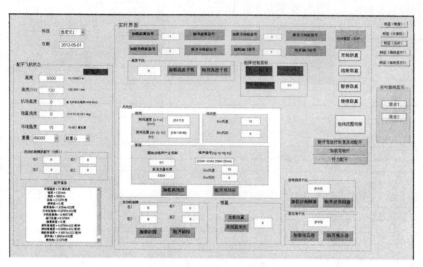

图 5.2　仿真初始化的 GUI 界面

硬件系统为基于某型飞机铁鸟台搭建的飞行模拟平台,包括飞机的电气系统、操纵机构、航电系统和通信系统。测控系统主要承担与外部物理设备及其他系统的信号实时交联。它接收硬件系统的信号并将其传输到仿真总线供飞行仿真联邦调用,并将飞行仿真联邦计算出的数据通过 D/A 和 429 总线反馈给硬件系统驱动其工作。测控系统硬件由工控机、数据采集及输出板卡及外围电路组成。软件部分利用虚拟仪器编程软件 Labview/cvi 环境,软件主要功能有静态调试、实时仿真数据接受及发送、频谱分析、自检,界面如图 5.3 所示,图中标号 1 为实时测控界面,标号 2 为静态调试界面。

(3)飞行仿真联邦:为分布式仿真系统的核心。接到飞行仿真开始交互类后启动飞机仿真计算,首先基于蒙特卡洛对本次仿真中的条件变量进行采样(见第 4.5 节),并从 RTI 中接收测控系统发送的舵面和油门信号,而后开始解算飞行状态,同时对外部环境模型、增稳系统和自动驾驶仪进行模拟。解算后的飞行参数发送给 RTI 总线供其他联邦单元调用。飞行仿真联邦开始运行后将仿真所有权通过总线交予事故评估反馈联邦和视景联邦。

(4)评估反馈联邦:从飞行仿真联邦接到仿真的所有权后,根据复杂气流条件下发生飞行风险的事件后的飞机状态解算出底事件诱发的其他共模失效事件,并发送解算后的失效事件交互类给硬件测控联邦和飞行仿真联邦供其迭代计算,同时根据飞行参数极值的变化评估整个飞行风险的演化过程。在接到仿真结束的交互类后,评估飞行仿真的合理性,将飞行参数数据通过总线发送到数据库联邦。同时提取飞行参数极值样本,根据极值样本分布情况计算飞行风险概率值,将计算结果亦发送到数据库联邦。评估反馈联邦开始运行后将仿真所有权通过总线交予数据库联邦。

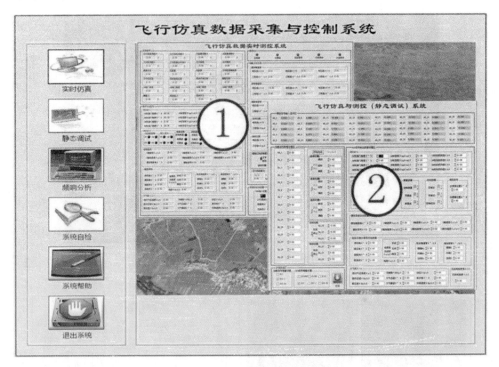

图 5.3 测控系统的 GUI 界面

(5)视景联邦:主要包括三维飞行视景、二维态势、三维态势、虚拟仪表四个子单元。在视景联邦从总线接到飞行仿真开始交互类后开始等待接收数据,一旦接收到仿真所有权,视景单元将根据取得的飞行参数数组对 2D 与 3D 场景中的对象进行控制,并且将仿真的场景效果实时渲染到最终的显示设备上,如图 5.4 所示。在本书第 8 章尾流风险的可视化中将对视景联邦进行详细构建。

(6)数据库联邦:利用服务器系统(见图 5.5)基于 SQLSERVER 语言进行构建,在数据库从总线接到仿真开始交互类后开始等待接收数据,一旦接收到仿真所有权后即负责所有仿真数据的记录及存储。同时支持调用数据库中数据对整个仿真过程进行 2D 曲线或 3D 视景的回放。书中基于多元 Copula 模型的飞行风险概率计算利用的即是数据库联邦中存储的飞行参数。

RTI(Run Time Infrastructure)仿真总线是 HLA 框架在仿真应用层上的具体实现手段,它在分布式仿真系统运行过程中为仿真单元提供数据同步和数据交换的接口。在仿真运行中,各子系统间的信息交互均是通过 RTI 实现的。RTI 总线可以完成创建联邦、加入联邦、制定时间策略、注册对象类、定购对象类、交互类等系统初始化工作,维护仿真运行期间各个子系统所定购的对象类、交互类,执行仿真结束后的退出功能并注销联邦单元。

图 5.4　飞行视景效果图

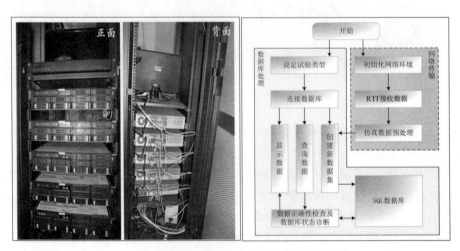

图 5.5　集群服务器实物图及数据库的存储策略

　　下面将对复杂气流条件下人-机-环境实时仿真系统中的关键模型进行构建,以期对基于蒙特卡洛的复杂气流条件下飞行参数极值的提取提供准确的输入环节。

# 5.3 驾驶员模型

驾驶员模型是基于蒙特卡洛法飞行仿真的重要研究内容,亦是分析飞行风险需考虑的重要因素。驾驶员在对飞机进行操纵时,其动态响应较为复杂,具有随机性和不确定性[67]。由于人体自身神经系统和肌肉结构极其复杂,较难对驾驶员控制飞机的生理及心理机理进行详细建模。本书采用"黑盒"原理,在结合前人研究成果的基础上,对驾驶员的外部行为特性进行建模。

## 5.3.1 驾驶员模型引言

伴随着控制系统理论的进步,驾驶员模型的发展主要有以下阶段:首先是基于经典控制理论的功能驾驶员模型(Function Model)。其中,McRuer 等人用传递函数构建驾驶员模型,建立了交叉频率模型(Crossover Model,CM)[85]。文献[86]提出了结构化的传递函数模型(Structural Model,SM),比较全面地分析了人体各个系统特征的内在联系。再次是基于现代控制理论的驾驶员算法模型(Algorithm Model)。其中 Kleinman 等人基于最优控制理论提出了驾驶员最优控制模型(Optimal Control Model,OCM)[87-88],针对人行为的不确定性,文献[89]和[90]建立了驾驶员的模糊行为响应模型。随着鲁棒控制、预测控制等智能控制理论的发展,又出现了驾驶员鲁棒控制模型、预测控制模型及驾驶员神经网络模型(Artificial Neural Network Model,ANNM)[91-92]。

在驾驶员模型的应用方面,文献[93]和[94]利用 McRuer 模型分析了飞行员和航空器的匹配特性,并对人-机系统的飞行品质进行了研究。Hess 等人基于结构驾驶员模型研究了人-机系统的评估指标函数[95-98],并对 PIO 问题进行了探讨。文献[99]利用驾驶员模型研究了飞行品质评价方法,分析了飞机本体特征、驾驶员输入等对飞行品质评估的影响。文献[100]基于最优控制驾驶员模型研究了飞机进场阶段的品质评价方法。文献[101]对飞机进场时飞行员补偿操纵特性进行了分析。基于对飞机进场阶段飞行员复杂操纵特性的分析,文献[102]和[103]提出了"bang-bang"控制(开关控制)模型,文献[104]和[105]提出了变结构驾驶员模型,研究较大跟踪误差下飞行员操纵行为的不连续性。文献[106]对特殊情况下驾驶员参与操纵的滞后时间进行了分析,文献[107]从生物医学角度对飞行员的感受机构进行了研究。

## 5.3.2 驾驶员的补偿操纵模型

依据驾驶员对飞机的控制策略,可将驾驶员模型分为两类:补偿操纵模型、预测操纵模型。补偿操纵模型基于飞机的操稳特性与驾驶员的操纵行为反应,可以对驾驶员遇到突发情况下的反映进行精确建模,是人-机-环境系统研究中最常用的模型,如图 5.6 所示,其适用于需精确控制飞机飞行姿态的情形。较适用于复杂气流条件下滚转姿态和高度突变的情况,因此本书采用的是补偿系统模型。

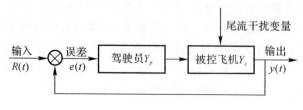

图 5.6　补偿操纵模型

### 5.3.3　驾驶员操纵行为模型的随机性研究

驾驶员的补偿操纵行为不仅与人接收的外部信息有直接的关系,还与人的知识、经验、生理和心理等有关,受到人、机、环三者耦合效应的影响。驾驶员的补偿操纵行为可以表示为人、机、环三者的相互作用模型。驾驶员补偿操纵行为特性主要包括反应时间延迟特性、时滞和超前特性、频率特性、干扰特性、有限的运算特性和自适应特性[108]。

根据对操纵行为的研究,分析 McRuer 提出的驾驶员模型中的行为特征参数。

$$Y_p(s) = \frac{K_p \mathrm{e}^{-\tau s}(T_1 s + 1)}{T_2 s + 1} \left[ \frac{(T_k s + 1)\omega_n^2}{(T_{k1} s + 1)(T_{N1} s + 1)(s^2 + 2\xi_n \omega_n s + \omega_n^2)} \right] \quad (5.1)$$

在模型式(5.1)中,参数 $K_p$,$\tau$,$T_1$,$T_2$ 和 $T_N$ 统称为驾驶员操纵行为特征参数。其反映了驾驶员在飞行过程中对飞机输出的控制信号特性。不同的驾驶员对不同的操作对象或者完成不同的飞行任务时,行为特性参数的取值是变化的。式中,$\tau$ 代表驾驶员对输入信息的反应滞后程度;$K_p$ 为驾驶员静态增益参数;$T_1$,$T_2$ 分别为驾驶员超前、滞后时间;中括号外的因子是模型的自适应部分。中括号中的因子是手臂肌肉神经系统的动态特性表达式,其典型值为 $T_{N1} = 0.1$ s,$\omega_n = 16.5$ rad/s,$\xi_n = 0.12$,$(T_k s + 1)/(T_{k1} s + 1)$ 表示一项频率较低的滞后和超前分量,$T_N$ 表示肌肉神经滞后时间。由于驾驶员的知识、经验、生理、心理等要素有差别,不管在常规操作时还是处理某些特殊情况时,驾驶员的操纵行为都具有随机性特点。根据驾驶员的真实采样数据分析的心理和生理活动,对研究操纵特征参数的随机性是十分有效的。

### 5.3.4 驾驶员操纵行为参数的分布特性研究

利用真实驾驶员在回路的飞行模拟或飞行试验,可以得到驾驶员模型的输入与输出信号。通过分析其频率响应,可以计算驾驶员模型特征参数的概率分布特性。本书根据飞行员的实验采样数据辨识了驾驶员模型中的操纵行为参数,建立了反映飞行员补偿操纵随机性和不确定性的行为特征数据库,供下文中的蒙特卡洛法仿真使用。

驾驶员静态增益 $K_p$ 是补偿操纵行为中的主要参数之一,取值一般大于 1。时间延迟 $\tau$ 指的是驾驶员操纵过程中的固有延时特性,根据试验数据统计结果,其一般取值在 $0.06\sim0.3$ s 范围内,对处于一般水平的驾驶员为 $(0.2\pm20\%)$ s。肌肉神经滞后时间 $T_N$,在 $(0.1\pm20\%)$ s 范围内。超前补偿时间常数 $T_1$ 指的是驾驶员对飞机动态参数的预测指标,取值在 $0\sim1.0$ s。$T_2$ 为飞行参数信息传递和处理过程中的时滞,反映了驾驶员承受负荷的程度,为 $0\sim1.0$ s。

统计结果表明大多数驾驶员行为参数近似服从正态分布。但驾驶员静态增益 $K_p$ 具有下限指标,满足对数正态分布的特性。基于正态分布与对数正态分布分别计算 $K_p$ 的分布密度,并将结果与驾驶员真实操纵参数直方图相对比。通过比较,发现基于对数正态分布的 $K_p$ 模型(实线表示)比正态分布(星线表示)更为准确,如图 5.7 所示。

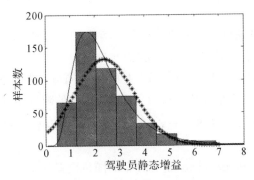

图 5.7 $K_p$ 的对数正态分布

而驾驶员行为参数 $\tau$,$T_1$,$T_2$ 和 $T_N$ 分布取值范围为极小值 $D_{min}$ 与极大值 $D_{max}$ 之间。以操纵特性最优参数 $D_{opt}$ 值为界对分布函数进行截尾处理,将驾驶员行为参数分布模型由正态分布类型转化为更准确的截尾正态分布类型。以 $T_2$ 为例作分布密度图,并将结果与驾驶员真实操纵参数直方图相对比,如图 5.8 所示。通过图 5.8 可看出基于截尾正态分布的 $T_2$ 辨识曲线(实线表示)能够准确反映驾驶员真实操纵情形下的滞后时间参数的分布规律。

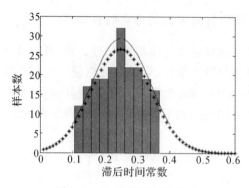

图 5.8  $T_2$ 的截尾正态分布

### 5.3.5　基于蒙特卡洛法提取驾驶员随机行为参数

蒙特卡洛法是基于概率统计理论的抽样算法,通过对随机数按照其分布概率进行抽样来解决样本随机性的问题。该方法可以对随机变量间的动态关系进行模拟,较有效地解决复杂系统的不确定性,适用于具有显著随机性的复杂系统。

蒙特卡洛法首先基于 $[0,1]$ 均匀分布生成伪随机变量,而后根据需模拟样本的分布概率特性变换为所需的样本。下文基于蒙特卡洛法对驾驶员特征参数分布中常见的对数正态和截尾正态分布进行模拟,在此项模拟之前需对如下两条定理进行介绍。

**定理 5.1**　假设随机变量 $x$ 的分布模型函数 $F(x)$ 是连续的,则由 $y=F(x)$ 生成的新随机变量服从 $[0,1]$ 上的均匀分布。

**定理 5.2**　如果 $u_1$ 和 $u_2$ 是 $[0,1]$ 上的独立同分布均匀随机变量,则 $V_1=2u_1-1$ 和 $V_2=2u_2-1$ 是服从 $[-1,1]$ 上均匀分布的随机变量。若 $S=V_1^2+V_2^2$,且 $S\leqslant1$,则 $x=V_1\sqrt{-2\ln S/S}$,$z=V_2\sqrt{-2\ln S/S}$ 是服从标准正态分布的独立随机变量。

根据定理 5.1,生成服从标准正态分布的随机变量样本

$$X=(x_1,x_2,x_3,\cdots x_n)$$

令 $y_i=\sigma x_i+u,1\leqslant i\leqslant n$,则有

$$E(Y)=E(\sigma x_i+u)=E(\sigma x_i)+E(u)=u \tag{5.2}$$

$$DY=D(\sigma x_i+u)=D(\sigma x_i)+D(u)=\sigma^2 \tag{5.3}$$

因此,$Y=(y_1,y_2,y_3,\cdots y_n)$ 是服从 $N(u,\sigma^2)$ 分布的一组随机数。

根据对数正态分布的概率密度函数,设

$$F_x=\int_0^x\frac{1}{x\sigma\sqrt{2\pi}}\exp\left[-\frac{1}{2\sigma^2}(\ln x-\ln\mu)^2\right]\mathrm{d}x \tag{5.4}$$

令 $\hat{\mu}=\ln\mu,\hat{x}=\ln x$,则

$$F_x = \int_{-\infty}^{e^{\hat{x}}} \frac{1}{\sigma\sqrt{2\pi}}\exp\left[-\frac{1}{2\sigma^2}(\hat{x}-\hat{\mu})^2\right]d\hat{x} \tag{5.5}$$

对于基于 $N(\hat{u},\sigma^2)$ 分布的随机变量 $Y=(y_1,y_2,y_3,\cdots,y_n)$,令 $z_i=e^{y_i}$,则随机变量 $Z=(z_1,z_2,z_3,\cdots,z_n)$ 服从对数正态分布。

针对驾驶员操纵行为特征参数分布中的截尾正态分布,采用逆变换法生成服从截尾正态分布的随机变量。假设随机变量 $p_i$ 服从$[0,1]$均匀分布,当 $p_i\leqslant 0.5$ 时落入左截尾区间,当 $p_i\geqslant 0.5$ 时落入右截尾区间。在左截尾区间时,计算公式如下:

$$p_i = \int_{D_{\min}}^{x} \frac{1}{c_1\sigma_1\sqrt{2\pi}}\exp\left[-\frac{1}{2\sigma_1^2}(x-\mu_1)^2\right]dx =$$
$$\int_{-\infty}^{x} \frac{1}{c_1\sigma_1\sqrt{2\pi}}\exp\left[-\frac{1}{2\sigma_1^2}(x-\mu_1)^2\right]dx -$$
$$\int_{-\infty}^{D_{\min}} \frac{1}{c_1\sigma_1\sqrt{2\pi}}\exp\left[-\frac{1}{2\sigma_1^2}(x-\mu_1)^2\right]dx \tag{5.6}$$

$$c_1 p_i = \int_{-\infty}^{x} \frac{1}{\sigma_1\sqrt{2\pi}}\exp\left[-\frac{1}{2\sigma_1^2}(x-\mu_1)^2\right]dx -$$
$$\int_{-\infty}^{D_{\min}} \frac{1}{\sigma_1\sqrt{2\pi}}\exp\left[-\frac{1}{2\sigma_1^2}(x-\mu_1)^2\right]dx \tag{5.7}$$

$$c_1 p_i + p_0 = \int_{-\infty}^{x} \frac{1}{\sigma_1\sqrt{2\pi}}\exp\left[-\frac{1}{2\sigma_1^2}(x-\mu_1)^2\right]dx \tag{5.8}$$

依据 $N(u,\sigma^2)$ 分布,计算累积概率为 $c_1 p_i + p_0$ 时随机量的最大值 $x_i$,同理,对落入右截尾区间的 $p_i$ 进行处理,则 $X=(x_1,x_2,x_3,\cdots,x_n)$ 为服从截尾正态分布的样本。采用上述方法,抽样产生驾驶员操纵行为特征参数见表5.1,得出各个驾驶员行为参数的均值及方差与驾驶员真实操纵参数的相对误差不超过5%。以第一次抽样结果为例,对人-机闭环系统进行基于阶跃输入信号的仿真计算,如图5.9所示,其结果与驾驶员实际操纵响应较为接近。故在下文的蒙特卡洛法仿真中,可采用上述方法对驾驶员操纵行为特征参数进行抽样。

**表5.1  驾驶员操纵行为特征参数**

| 模型参数 \ 模拟结果 | $K_p$ | $\tau$ | $T_1$ | $T_2$ | $T_N$ |
|---|---|---|---|---|---|
| 第一次 | 2.020 | 0.105 | 0.213 | 0.274 | 0.094 |
| 第二次 | 1.627 | 0.204 | 0.093 | 0.331 | 0.312 |
| 第三次 | 2.267 | 0.076 | 0.226 | 0.163 | 0.168 |
| 第四次 | 1.239 | 0.264 | 0.112 | 0.236 | 0.041 |

续 表

| 模型参数<br>模拟结果 | $K_p$ | $\tau$ | $T_1$ | $T_2$ | $T_N$ |
|---|---|---|---|---|---|
| 第五次 | 2.117 | 0.210 | 0.312 | 0.121 | 0.177 |
| 第六次 | 1.319 | 0.335 | 0.505 | 0.093 | 0.085 |
| 第七次 | 5.587 | 0.108 | 0.204 | 0.618 | 0.055 |
| 第八次 | 1.205 | 0.172 | 0.143 | 0.259 | 0.108 |
| 均 值 | 2.173 | 0.184 | 0.226 | 0.262 | 0.130 |
| 方 差 | 2.075 | 0.008 | 0.018 | 0.024 | 0.008 |

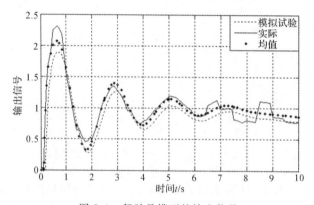

图 5.9 驾驶员模型的输出信号

## 5.4 基于蒙特卡洛法的飞行仿真流程

由于研究内外部因素的复杂随机性需要的数据量较大,试飞数据与人在回路地面实验数据无法满足数据量的要求,加之极端气流影响下风险较大且需模拟条件众多导致实验条件苛刻,因此书中基于蒙特卡洛法考虑复杂气流遭遇风险的随机性,对三维空间内的每个复杂气流遭遇点进行大数据量的计算,从而提取多元极值参数,有效地对复杂气流条件下的随机性和复杂性进行描述。以复杂气流中的尾流为例,基于某型飞机的地面试验系统构建飞行参数极值提取系统,实物如图5.10所示。

基于上文的分布式仿真的框架,研究基于蒙特卡洛法的飞行参数极值提取方法,其流程如图5.11所示。

首先根据尾流模型与模型库。将大气紊流程度、温度分层、离散突风、Crow

链接因子等对尾流场状态有影响的内外部因素设置为未知变量,在分析其对尾流场的各典型参数(衰减率、涡核内径、速度场)和拓扑结构影响的基础上,将内外部影响因素作为随机项按照其出现概率进行分类后补充进尾流模型,在上述基础上构建了反映内外部环境影响的具有随机特性和动态特性的尾流模型数据库。而后根据本章第5.3节中的驾驶员模型构建飞行员补偿操纵行为特征数据库。

在计算飞行参数数据之前,首先利用蒙特卡洛方法将内外部影响条件变量按照其出现频率进行随机抽样,需抽样的条件变量见表5.2。将抽样的变量数值作为检索条件从数据库中提取尾流数据、飞行员操纵行为特性参数以及其他影响飞行状况的条件数据,从而对每次计算迭代过程中所使用的参数产生影响,以此反映真实内外部环境影响下的随机性与不确定性。在对全部随机参数进行蒙特卡洛抽样后,将其动态代入实验系统的计算迭代中,以对相关的气动参数及操纵信号产生量化影响。飞机本体方程为基于四元数法的六自由度方程,微分算法为四阶Runge Kutta算法。使用RTW(Real Time Workshop)将Simulink搭建的仿真系统(见图5.12)转化为实时系统VxWorks支持的C代码,将其下载到实时仿真机,时间步长为20 ms。

表5.2 需用蒙特卡洛法抽样的影响条件变量

| 尾流影响变量 | 飞行员行为特性 | 环境变量 |
|---|---|---|
| 1)大气紊流的尺度及强度 | 1)反应时间延迟特性(采样特性) | 1)空气密度 |
| 2)温度分层 | 2)时滞和超前特性 | 2)当地气压 |
| 3)地面效应 | 3)频率特性 | 3)离散突风 |
| 4)飞机本体扰流 | 4)噪声(干扰)特性 | 4)风切变状况 |
|  | 5)手臂肌肉神经系统的动态特性 | 5)雨雪状况 |
|  | 6)有限的运算特性 | 6)空气湿度 |
|  | 7)自适应特性 |  |

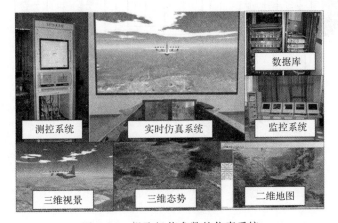

图5.10 提取极值参数的仿真系统

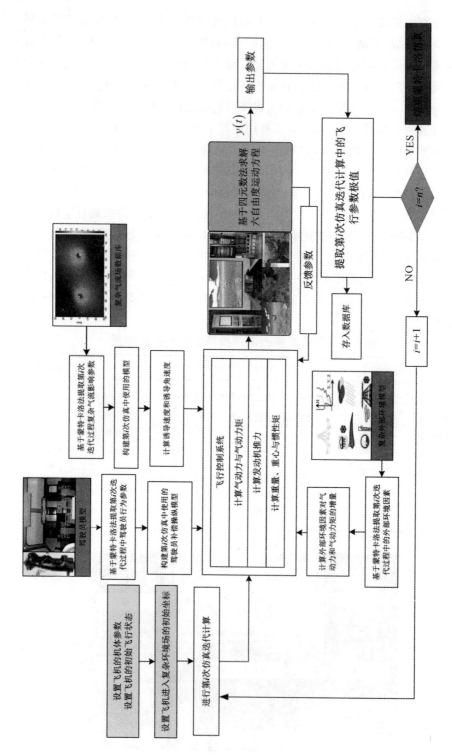

图 5.11 基于蒙特卡洛仿真法对飞行参数极值样本进行抽样的流程图

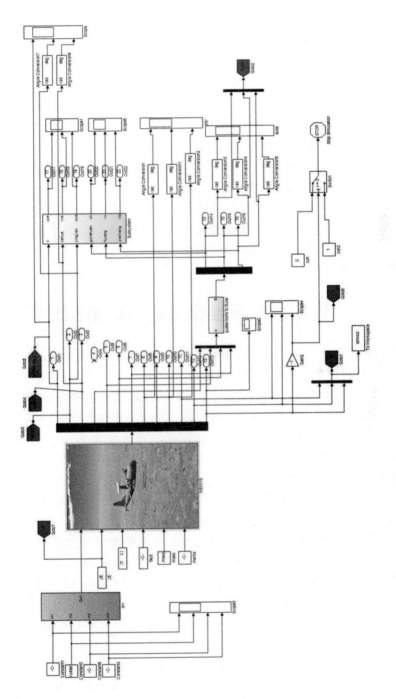

图 5.12 Simulink搭建的飞行仿真系统示意图

在单个仿真实验特定点上提取极值参数的步骤如下：

（1）设置前机和后机的机体参数、前机的初始飞行状态、后机进入尾流场的初始状态；

（2）设置仿真实验特定点；

（3）设置 $i=1$；

（4）利用蒙特卡洛法根据各个条件变量的统计频率特征抽样表 5.2 中的随机变量值；

（5）进行第 $i$ 次飞行仿真计算；

（6）记录第 $i$ 次计算结果中的飞行参数，提取极值点数据，存入数据库；

（7）$i=i+1$，返回步骤（4），循环迭代，直至 $i=n$。

其中 $n$ 为设置的仿真特定点上的蒙特卡洛计算次数。根据不同计算次数下的仿真结果来看，$n$ 越大，越能反映极值的统计特性，但提高 $n$ 亦会增加系统的计算负担，经验证当 $n>2\,000$ 时，计算结果趋于相对稳定，因此根据系统计算资源的实际使用状况，设置 $n=3\,000$。

## 5.5　特定尾流场坐标上的仿真案例分析

设置前机速度为 80 m/s 平飞，坐标系设置为动坐标系，零点固定在前机重心处，$X$ 轴与前机机体坐标系的 $X$ 轴方向相反，$Y$，$Z$ 轴方向与前机机体坐标系的 $Y$，$Z$ 轴方向相同，但 $Y$，$Z$ 轴的零点始终保持在前机两尾涡的对称中心处（即随着尾涡的下沉与偏移而移动）。前机的初始涡量为 430 $m^2/s$（相当于 A340 的尾涡初始强度），其他的前机与尾流场初始参数见表 4.2。后机速度为 90 m/s，飞行高度为 100 m，后机的其他参数见附录表 2。后机进入尾流场时迎角为 3.8°，俯仰角为 4.1°（俯仰角稍大于迎角说明后机是从下方以近似平飞的状态进入前机尾流场的），侧滑角、滚转角、偏航角为 0，襟翼角度为 0。以 $t=17$ s 时的尾流左涡核中心偏左 5 m 处为后机进入尾流场的初始坐标点，对应坐标为 $[1\,530,-35.5,0]$，此点亦为书中蒙特卡洛法仿真采用的算例网格点。对此状态通过上文中的步骤进行 $n=3\,000$ 次的计算迭代，图 5.13 显示了在 $i=61$ 的仿真过程中，出现的飞行参数极值超限从而导致发生文中所定义的飞行风险。图 5.14 为 $i=61$ 次迭代仿真过程中的飞行轨迹与飞行视景示意图。从图 5.13 可以看出最初进入尾流场时由于尾流中上升气流的作用，高度和迎角均略有增加，随后由于滚转力矩的作用，飞机急剧滚转并掉高度。确定对尾流飞行风险发生影响最大的三个飞行参数（滚转角 $\varphi$、下降高度 $\Delta H$、迎角 $\alpha$）。本次迭代的极值参数 $\varphi_{max}^i=75.61°$，$\Delta H_{max}^i=87.84$ m，$\alpha_{max}^i=7.91°\lim\limits_{\delta x\to0}$（如图 5.13(b)、图 5.13(c)、图 5.13(e) 中箭头所指示）。飞行轨迹与飞行视景图如图 5.14 所示。

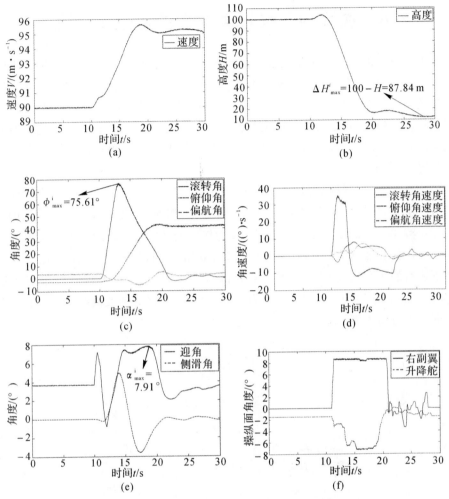

图 5.13  第 61 次迭代中的飞行参数图

(a)速度曲线；  (b)高度曲线；  (c)姿态角曲线；  (d)角速度曲线；

(e)迎角与侧滑角曲线；  (f)操纵面角度曲线

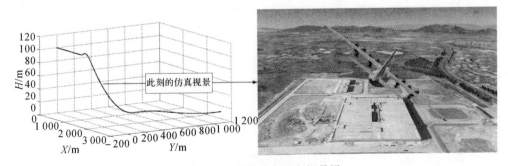

图 5.14  飞行轨迹与飞行视景图

# 5.6　提取的三维极值参数的可信度验证

因本书选取的近地近距尾流遭遇情形属于高风险科目,故不可能采用试飞验证,因此采用飞行员在回路的飞机地面试验数据作为验模数据。某型飞机地面试验系统的软硬件结构均与真实飞机相同,使用经过风洞实验与试飞验证后的气动参数,在各个飞行科目下与真实试飞数据的误差不超过 12%。相比于其他类型的飞机地面模拟器具有较高的精度,可以认为地面试验系统所模拟的科目符合真实试飞状况。

列出在 $i \leqslant 150$ 时提取的前 150 个极值参数,如图 5.15 所示,图 5.15 中所标示的极值样本点即为上文算例中所提取的 $i = 61$ 时的极值参数:$\varphi_{max}^i = 75.61°$,$\Delta H_{max}^i = 87.84 \text{ m}, \alpha_{max}^i = 7.91°$。图 5.16 为使用上文方法提取的前 150 次极值参数与 150 次试验数据的 Q-Q(Quantiles-Quantiles) 图,其中试验数据采集自相同条件下进行的 150 次飞行员在回路地面试验。从图 5.16 可发现三种极值参数 $\varphi_{max}, \Delta H_{max}, \alpha_{max}$ 的 Q-Q 图均近似为直线,说明本书提取的极值参数和试验数据属于同一种分布类型。

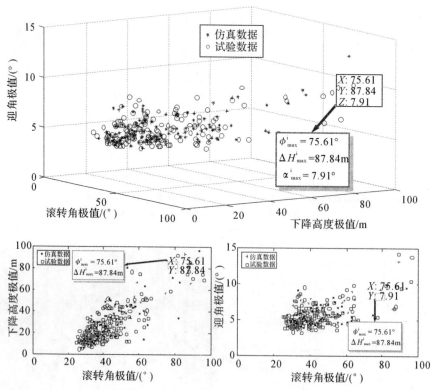

图 5.15　坐标 $[1530, -35.5, 0]$ 处提取的前 150 次三维飞行参数极值的散点分布图

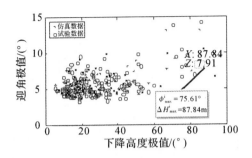

续图 5.15　坐标[1 530,−35.5,0]处提取的前 150 次三维飞行参数极值的散点分布图

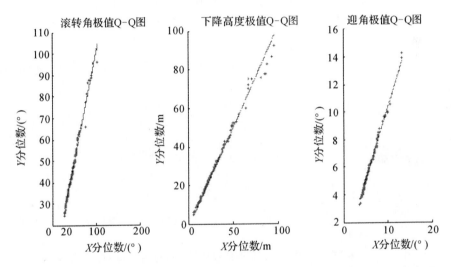

图 5.16　坐标[1530,−35.5,0]处提取的极值样本与试验数据的 Q-Q 检验图

根据上文中三维尾流场内对坐标的定义,在坐标[3 000,−40,0],[5 000,30,10],[6 000,−35.5,5],[10 000,40,20]处利用蒙特卡洛法仿真算法分别提取 150次飞行参数极值数据,并与相同条件下的试验数据进行对比,极值样本散点图与 Q-Q 检验图如图 5.17～图 5.19 所示。通过 Q-Q 图可看出两种样本的分位数曲线接近直线。同时,使用 Kolmogorov-Smirnov(K-S)检验法对两种极值样本进行拟合优度检验的结果亦表明在以上多个网格坐标点处提取的三种极值参数 $\varphi_{max}$,$\Delta H_{max}$,$\alpha_{max}$ 与试验数据的 $K$-$S$ 检验值均小于 0.1,而 $P$ 值均大于 0.25(即在比 95% 的置信水平低得多的情况下亦能通过检验),故可认为书中方法得到的数据与试验数据具有相同的分布类型。使用书中方法所提取极值参数的可信度较高,可以使用其作为评估飞行风险概率的样本数据。

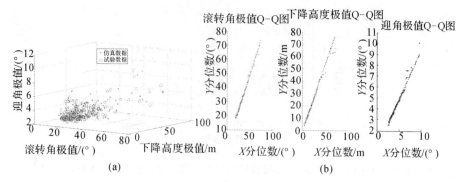

图 5.17　坐标[3 000,−40,0]处提取的极值样本散点图与 Q−Q 检验图

(a)极值样本散点图；　(b)提取极值样本与试验数据的 Q−Q 检验图

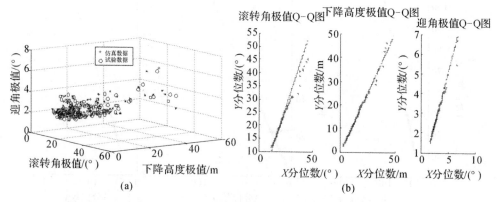

图 5.18　坐标[5 000,30,10]处提取的极值样本散点图与 Q−Q 检验图

(a)极值样本散点图；　(b)提取极值样本与试验数据的 Q−Q 检验图

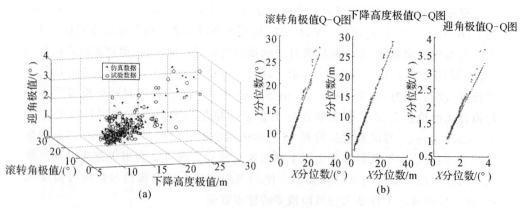

图 5.19　坐标[6 000,−35.5,5]处提取的极值样本散点图与 Q−Q 检验图

(a)极值样本散点图；　(b)提取极值样本与试验数据的 Q−Q 检验图

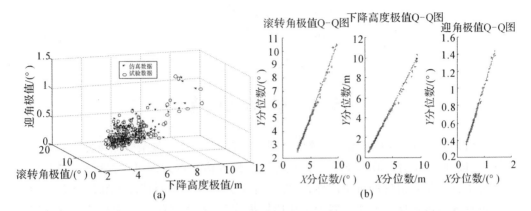

图 5.20　坐标[10 000,40,20]处提取的极值样本散点图与 Q-Q 检验图
(a)极值样本散点图；　(b)提取极值样本与试验数据的 Q-Q 检验图

从图 5.15 和图 5.17～图 5.19 中可以看出极值参数的分布存在较明显的厚尾特性,又因为尾流风险属于低频高危事件的范畴,故下文将采用极值理论对此种分布形式进行描述。利用极值理论能够有效地对随机序列最值概率分布的尾部进行建模,用于描述极值样本数据序列分布的尾部特征。

## 5.7　复杂气流场内飞行风险定义

对书中所涉及的飞行风险进行定义如下:以超过 95% 的概率极易引起 STD-882E 中所定义的风险范畴中评估值为 1～5 的灾难性飞行事故。即不能安全飞行和着陆的失效情况,引起飞机结构损伤并导致至少一人的伤亡。

对三个极值参数进行归一化处理。查某型飞机气动数据、极值参数迎角的临界值与 $Ma$ 有关,例如在襟翼 $0°$ 时,当 $Ma=0.2$ 时,临界迎角 $\alpha_c$ 为 $20.50°$;而当 $Ma=0.7$,$\alpha_c$ 仅为 $10.90°$。根据气动数据和提取极值参数时的 $Ma$ 进行差值处理,得到归一化的极值迎角参数为 $\alpha_{max}/\alpha_c(\delta_f,Ma)$。根据气动手册,滚转角的临界风险极值为 $\varphi_c=85°$,归一化的极值滚转角参数为 $\varphi_{max}/85$。重心下降高度的极值参数为 $\Delta H_{max}$,以机翼翼尖刚好触地时的状态作为风险发生临界点,极值参数 $\Delta H_{max}$ 的归一化公式如下:

$$\Delta \overline{H}_{max} = (\Delta H_{max} + b\sin\varphi\cos\theta/2)/100 \qquad (5.9)$$

式中　　$b$——机翼展长,取值为 38 m;

　　　　$\varphi,\theta$——极值参数 $\Delta H_{max}$ 对应时间点上的滚转角和俯仰角。

给出判定书中定义的复杂气流飞行风险是否发生的公式如下:

$$\left.\begin{aligned} P_r &= 1, \text{if}(\alpha_{max}/\alpha_c(\delta_f, Ma) > 1) \\ P_r &= 1, \text{if}(\varphi_{max}/85 > 1) \\ P_r &= 1, \text{if}(\Delta\bar{H}_{max} > 1) \end{aligned}\right\} \qquad (5.10)$$

## 5.8 本 章 小 结

(1)基于复杂多因素耦合系统仿真理论与方法,构建了复杂气流条件下的分布式人-机-环境实时仿真系统。分布式仿真框使各仿真单元间可以互操作,同时显著地改善了仿真组件的可重用性;实现了各仿真单元在不同情况下和后续改进中的可重载与可扩展。介绍了驾驶员补偿操纵模型,基于驾驶员行为特征参数的统计结果利用蒙特卡洛法提取每次仿真迭代中的驾驶员参数。

(2)考虑复杂气流条件下的不确定性与随机性因素,提出了提取飞行参数极值样本的蒙特卡洛法仿真,在三维尾流场内的多个坐标点上进行了仿真计算,并利用试验数据对所提取的飞行参数极值样本进行了验证。结果表明使用蒙特卡洛法仿真得到的飞行参数极值样本与试验数据具有相同的分布类型,验证了蒙特卡洛法仿真的有效性。最后对复杂气流内的飞行风险进行了定义。

# 第6章
## 一维飞行参数极值的概率分布特性

## 6.1 引　言

　　本章对提取的飞行参数极值样本进行统计分析,对三个关键飞行参数极值各自的分布形式进行建模。对于复杂气流条件下的飞行风险,可以归结为相应的飞行参数超过一定的阈值导致的。从图 5.15、图 5.17～图 5.20 中可以看出滚转角极值、下降高度极值和迎角极值的分布都存在明显的厚尾特性,这种分布形式在低频高危事件(如地震、海啸、金融风险、飞行事故等)中较为常见,书中涉及遭遇复杂气流情形下的飞行风险亦属于低频高危事件的范畴。针对此种分布形式,目前较有效的描述方法为采用极值理论。极值理论模型能直接处理飞行参数极值分布的尾部,较适合于低频高危风险事件的研究。从某种意义上讲,在极值飞行参数的分析中永远不会有充足的数据,因为只有少数点进入尾部区域。运用极值理论计算风险必须面对模型的不确定性。本章在研究极值分布理论的基础上,针对飞行参数极值样本分布模型的不确定性,对复杂气流条件下一维飞行参数极值的尾部分布规律进行研究,采用最优化辨识算法确定分布模型中的未知参数,并利用辨识后的分布模型对一维飞行参数极值进行拟合优度检验,从而找出最合适的分布类型。

## 6.2　基于一维极值理论的概率分析方法

　　极值理论可以用来研究极端事件的统计规律性,经典的统计极值理论是关于随机变量序列最值渐进分布的理论,基于这一理论的方法就是对超越一定界限的数据建模。极值理论同时是次序统计学的一个分支,主要研究随机样本中极值变量的统计学特征及其概率分布。极值分布是指独立同分布随机变量中最值的渐近分布,研究极值分布的理论称为极值理论(Extreme Value Theory,EVT)[109-110]。极值的概念包括两方面的意义,首先是极值样本的发生概率较小,其次是极值的出现往往会伴随意想不到的后果,多为极端危险情况和高风险事件。极值理论的提出就是为了对高风险情形进行概率风险分析的,如自然灾害、股市风险和工业事故等。近年来,极值理论在对极端事件的统计分析中获得了广泛的应用。文献[111]

将 Gumbel 极值分布函数应用到地震风险分析领域,从而对地震风险评估、地震预测等研究方向提供了有力的理论支撑。文献[112]将 Weibull 分布应用到可靠性计算中,从而对硬件的寿命进行失效性评估。在对极端灾难性气候发生的概率预测方面,极值理论也多有应用[113-116]。文献[117]利用极值理论分析了工程项目期限内的极值荷载作用。极值理论在交通运输风险的分析中也有广泛的应用,其既可以用来评价交通系统的运行状况,也可以对交通运行安全进行评估预测。由于风险的发生具有不确定性、随机性和小概率的特点,传统的风险分析方法的适用范围较窄。文献[118]基于极值分布模型,利用交通状况采样数据,对交通风险的发生概率进行研究。文献[119]提出了基于极值理论的双指数函数分布模型来评估飞机纵向摆动情形下的风险概率。文献[120]采用伊万诺夫法评估了飞机在高原高海拔情形下的飞行风险概率,而伊万诺夫法即是基于极值理论的概率分析方法。

利用极值理论能够有效地对随机变量中极值的概率分布尾部进行建模,用于描述样本数据序列分布的尾部特征,并基于相应的数学模型计算出具体的超限概率值,从而对具有低频高危特征的事件进行定量评估和预测。

# 6.3　一维极值分布模型

利用一维极值分布模型能够有效地对复杂气流条件下飞行参数极值的概率分布和数据序列的边际概率分布尾部进行建模,用于拟合极值样本分布的尾部特征。进而基于相应的数学模型计算出以一维飞行参数极值超限为判定条件的飞行风险概率。下文介绍常用的两类一维极值分布模型:GEV 分布和 GDP 分布。

## 6.3.1　广义极值分布模型

假设独立同分布随机变量集合为 $Z_m = \{z_1, z_2, \cdots, z_m\}$,其中,随机变量 $z_i \in \mathbf{R}$ 的母体分布函数为 $F(z)$。将其按大小顺序排列为 $z_{(1)} \geqslant z_{(2)} \geqslant \cdots \geqslant z_{(m)}$,称集合 $\{z_{(1)}, z_{(2)}, \cdots, z_{(m)}\}$ 为次序统计量。其中,$x_m = \max(Z_m)$,$x'_m = \min(Z_m)$ 分别为样本极大值、样本极小值,它们的分布规律即为极值分布。下面以极大值 $x_m$ 为例,分析其右尾的分布状况。

当 $m \to \infty$ 时,样本极大值 $x_m$ 的分布函数为

$$P(x_m \leqslant x) = P(z_1 \leqslant x, z_2 \leqslant x, \cdots, z_m \leqslant x) = \prod_{i=1}^{m} F(x) = F^m(x) \quad (6.1)$$

因此,直接考虑极大值的分布是没有意义的。在实际应用中,通常对 $m \to \infty$ 时的 $F^m(x)$ 渐近分布情况进行分析。如 $m \to \infty$,$x_m$ 的分布函数 $H$ 是稳定的,那么 $H$ 必然以下面映射转换形式收敛

$$x_m \xrightarrow{d} \sigma_m x + \mu_m \quad (6.2)$$

式中 $\sigma_m \in \mathbf{R}^+, \mu_m \in \mathbf{R}$ 是分布参数。标准形式见式(6.3),其属于 $F(z)$ 的任一极大值的极限分布。

$$H(x_m \leqslant x) \overset{d}{=\!\!=\!\!=} H(\sigma_m^{-1}(x-\mu_m)) \qquad (6.3)$$

如果 $H$ 是极值标准形式 $\sigma_m^{-1}(x_m-\mu_m)$ 的非退化分布函数,则极值分布函数可能有 Ⅰ 型、Ⅱ 型和 Ⅲ 型三种形式,设 $y_m=\sigma_m^{-1}(x-\mu_m)$,三种极值分布形式分别为

Ⅰ 型分布

$$H_1(y_m) = \exp\{-\exp(-y_m)\} \qquad (6.4)$$

Ⅱ 型分布

$$H_2(y_m,\alpha) = \begin{cases} 0, & y_m \leqslant 0 \\ \exp(-y_m^{-\alpha}), & y_m > 0 \end{cases} \qquad (6.5)$$

Ⅲ 型分布

$$H_3(y_m,\alpha) = \begin{cases} \exp(-(-y_m)^\alpha), & y_m \leqslant 0 \\ 1, & y_m > 0 \end{cases} \qquad (6.6)$$

式中 $\alpha \in \mathbf{R}^+$。

由图 6.1 可见,当 $x \to +\infty$ 时,极值 Ⅰ 型分布的概率密度曲线以指数趋势下降,而极值 Ⅱ 型分布的密度函数则以多项式趋势下降。极值 Ⅰ 型分布的密度函数和极值 Ⅱ 型分布的概率密度曲线具有明显的向右侧倾斜的趋势。说明 Ⅰ 型和 Ⅱ 型分布的右尾出现大于分布均值观测值的概率较大。

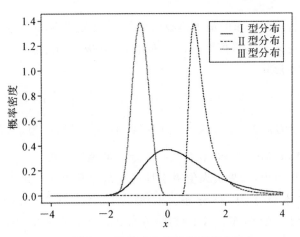

图 6.1　极值分布的概率密度曲线

进一步,由 Jenkinson 给出了三个分布经过适当变换后的统一形式,即广义极值分布模型(Generalized Extreme Value,GEV)为

$$H(x;\xi,\mu,\sigma) = \exp\left\{-\left(1+\xi\frac{x-\mu}{\sigma}\right)^{-1/\xi}\right\} \tag{6.7}$$

式中　$\xi \in \mathbf{R}$；$\mu \in \mathbf{R}$；$\sigma > 0$；$1+\xi\frac{x-\mu}{\sigma} > 0$。$\mu$ 称为位置参数，$\sigma$ 称为尺度参数，$\xi$ 称为形状参数。将 $\xi \to 0$ 的 GEV 分布记为 Ⅰ 型广义极值分布，此分布模型又称为 Fisher - Tippett 型分布。将 $\xi > 0$ 的 GEV 分布记为 Ⅱ 型广义极值分布，此分布模型又称为 Frechet 分布；将 $\xi < 0$ 的 GEV 分布记为 Ⅲ 型广义极值分布，此分布模型又称为 Weibull 分布。当 $\xi$ 很小时，$(1+\xi(x-\mu/\sigma))^{1/\xi}$ 趋于 $e^{(x-\mu)/\sigma}$，因此 Fisher - Tippett 分布可当作是 Frechet 和 Weibull 分布的过渡状态。满足这三种分布的充要条件为，随机序列极值样本的尾部分别是指数衰减、幂衰减和有界尾。

### 6.3.2　极值分布的最大值稳定性

极值分布的极大值吸引场定义。

**定义 6.1**　设随机变量序列 $X_1,\cdots,X_n$ 是独立同分布的，$F(x)$ 为其分布函数，如果存在常数序列 $\{a_n > 0\}$，$\{b_n\}$，使得

$$\lim_{n \to \infty}\mathrm{Pr}\left(\frac{M_n-b_n}{a_n} \leqslant x\right) = \lim_{n \to \infty}F^n(a_nx+b_n) = H(x) \tag{6.8}$$

成立，则 $F(x)$ 在极值变量分布 $H(x)$ 的极大吸引场内，记为 $X \in \mathrm{MDA}(H)$ 或 $F \in \mathrm{MDA}(H)$。上述定义表明如果存在常数列 $\{a_n > 0\}$ 和 $b_n$，则极大值的分布为极值分布，无关底分布的类型。

在进一步分析极值分布的最大值吸引场前，首先定义 Von Mises 函数。

**定义 6.2**　定义 $F$ 为极值变量的分布函数，其极大值 $x^* \leqslant \infty$，如果有 $z < x^*$，使 $\overline{F}$ 满足如下形式：

$$\overline{F}(x) = c\exp\left\{-\int_z^x \frac{1}{a(t)}\mathrm{d}t\right\}, \quad z < x < x^* \tag{6.9}$$

式中　$c$ 为大于 0 的常数；$a(\bullet)$ 表示一个连续的函数，其密度为 $a'$，并且 $\lim_{x \to x^*}a'(x) = 0$。则记 $F$ 为 Von Mises 函数，$a(\bullet)$ 定义为 $F$ 的辅助函数。

根据上文可以得出，如果极大值吸引场的规范化常数 $b_n = F^{-1}(1-n^{-1})$，$a_n = a(b_n)$，则极值样本属于 Ⅰ 型分布。Ⅰ 型分布通常有 NORM（正态）分布、LOGNORM（对数正态）分布、EXP（指数）分布、Gamma 分布等。如果极大值吸引场的 $a_n = F^{-1}(1-n^{-1})$，$b_n = 0$，则极值样本属于 Ⅱ 型分布。Ⅱ 型分布通常有 Pareto 分布、Cauchy 分布等。如果极大值吸引场的 $a_n = x^* - F^{-1}(1-n^{-1})$，$b_n = x^*$，则极值样本属于 Ⅲ 型分布。Ⅲ 型分布通常有 Beta 分布、均匀分布等。

假设 $F$ 在某极值分布的极大值吸引场内，则可推出以下定理。

**定理 6.1**　如果形状参数 $\xi \in \mathbf{R}$，以下条件是等价的：

(1) $F \in \mathrm{MDA}(H(x;\xi))$;

(2) 存在一个正的(可测)函数 $a(\cdot)$,使得对 $1+\xi x > 0$,

$$\lim_{u \to x^*} \frac{\overline{F}(u+xa(u))}{\overline{F}(u)} = \begin{cases} (1+\xi x)^{-1/\xi}, & \xi \neq 0 \\ \mathrm{e}^{-x}, & \xi = 0 \end{cases} \qquad (6.10)$$

这里 $\xi = 0$ 理解为 $\xi \to 0$

定理说明,在条件 $X > u$ 下,规范化随机变量 $(X-u)/a(u)$ 的极限分布为 $1-(1+\xi x)^{-1/\xi}$ 或 $1-\mathrm{e}^{-x}$。

### 6.3.3 广义 Pareto 分布及其性质

如式(6.7)的 GEV 通常用于对分块极值数据的描述,设样本为 $X_1, X_2, \cdots, X_n$,将极值样本分为 $t$ 组,其中每组包含 $s$ 个极值样本,从而构成样本 $m_1, m_2, \cdots, m_t$。依照极大吸引场的相关定理,如果 $s$ 足够大,$m_1, m_2, \cdots, m_t$ 就可以作为 GEV 分布模型的独立同分布评估样本。符合上述条件的情况如单次仿真中的最大值、年最大降雨量、月最大风速、每日最大投资损失等。 而广义 Pareto 分布(generalized Pareto distribution)的构建方法则是,给定极值样本的阈值,将超出阈值范围的所有极值变量提取为统计样本。因此,广义 Pareto 分布描述的是超出阈值所有极值变量的渐近分布形式。

首先对超阈值变量的分布函数进行定义。设 $X_1, X_2, \cdots, X_n$ 是一组随机极值变量,变量之间相互独立且属于同一种分布。设 $F$ 为其分布函数的类型,极值变量的最大值为 $x^*$,定义阈值 $u < x^*$。若 $X_i > u$,则将 $X_i$ 记为超阈值,$X_i - u$ 定义为超出量。

$F_u(x)$ 表示随机极值样本中超出阈值 $u$ 变量的分布函数,其表达式为

$$F_u(x) = \mathrm{Pr}(X - u \leqslant x \mid X > u) = \frac{\mathrm{Pr}(u < X \leqslant x + u)}{\mathrm{Pr}(X > u)} =$$

$$\frac{F(x+u) - F(u)}{1 - F(u)}, \quad x \geqslant 0 \qquad (6.11)$$

$F_{[u]}(x)$ 表示随机极值变量 $X$(分布函数 $F$)的超阈值分布函数,其表达式为

$$F_{[u]}(x) = \mathrm{Pr}(X \leqslant x \mid X > u) = \frac{\mathrm{Pr}(u < X \leqslant x)}{\mathrm{Pr}(X > u)} = \frac{F(x) - F(u)}{1 - F(u)}, \quad x \geqslant u$$

$$(6.12)$$

**定义 6.3** 如果随机极值变量 $X$ 的分布函数为

$$G(x;\mu,\sigma,\delta) = 1 - \left(1 + \delta \frac{x-\mu}{\sigma}\right)^{-\frac{1}{\delta}}, \quad x \geqslant \mu, \quad 1 + \delta \frac{x-\mu}{\sigma} > 0 \qquad (6.13)$$

则变量 $X$ 的分布形式为广义 Pareto 分布(GDP 或 GP 分布),式(6.13)中 $\mu$ 表示分布函数的位置,$\sigma > 0$ 代表分布函数的范围尺度,$\delta$ 则控制着分布函数的形状。

令 $\alpha = 1/\delta$，得到 GDP 分布的另外一种表达形式：

$$G_1(x;\mu,\sigma) = \begin{cases} 1 - e^{-\frac{x-\mu}{\sigma}}, & x \geqslant \mu \\ 0, & x < \mu \end{cases} \tag{6.14}$$

$$G_1(x;\mu,\sigma,\alpha) = \begin{cases} 1 - \left(\dfrac{x-\mu}{\sigma}\right)^{-\alpha}, & x \geqslant \mu + \sigma \\ 0, & x < \mu + \sigma \end{cases}, \quad \alpha > 0 \tag{6.15}$$

$$G_1(x;\mu,\sigma,\alpha) = \begin{cases} 0, & x < \mu + \sigma \\ 1 - \left(\dfrac{x-\mu}{\sigma}\right)^{\alpha}, & \mu - \sigma \leqslant x \leqslant \mu, \quad \alpha > 0 \\ 1, & x > \mu \end{cases} \tag{6.16}$$

式中 $G_1, G_2, G_3$ 分别代表 Ⅰ 型、Ⅱ 型和 Ⅲ 型分布。如果 $\mu = 0, \sigma = 1$，则为标准 Pareto 分布。Pareto Ⅰ 型、Ⅱ 型和 Ⅲ 型分布的概率密度函数分别为

$$g_1(x;\mu,\sigma) = \frac{1}{\sigma} e^{-\frac{x-\mu}{\sigma}}, \quad x \geqslant \mu \tag{6.17}$$

$$g_2(x;\mu,\sigma,\alpha) = \frac{\alpha}{\sigma} \left(\frac{x-\mu}{\sigma}\right)^{-\alpha-1}, \quad x \geqslant \mu + \sigma; \quad \alpha > 0 \tag{6.18}$$

$$g_3(x;\mu,\sigma,\alpha) = \frac{\alpha}{\sigma} \left(-\frac{x-\mu}{\sigma}\right)^{\alpha-1}, \quad \mu - \sigma \leqslant x \leqslant \mu; \quad \alpha > 0 \tag{6.19}$$

对于广义极值分布（GEV 分布），最重要的性质之一是极大值稳定性（极大值吸引场性质）。广义极值分布中的极值变量经规范化变换后，其分布形式仍然是原分布。与 GEV 分布类似，GDP 分布中的极值变量亦有其极大值吸引场，即超出阈值的极值变量经规范化变换后仍然为原分布形式。

**定理 6.2** 设 $X_1, X_2, \cdots, X_n$ 为独立同分布随机变量，分布函数为 $F(x)$。令 $M_n = \max\{X_1, X_2, \cdots, X_n\}$，如果存在规范化数列 $\{a_n > 0\}$ 和 $\{b_n\}$，使得对足够大的 $n$，有

$$\Pr(M_n \leqslant a_n x + b_n) \approx H(x;\mu,\sigma,\delta) \tag{6.20}$$

式中 $H(x;\mu,\sigma,\delta)$ 为 GEV 分布，如果阈值 $u$ 较大，则 $(X-u)$ 的分布仍然为 GDP 分布。由此可知，如果 $F(x)$ 在 GEV 分布的极大值吸引场内，那么 $F(x)$ 必然也在 GDP 分布的极大值吸引场内，而且两种分布中参数 $\delta$ 的值相同。

# 6.4　一维分布模型的拟合优度检验方法

对极值参数辨识的精度取决于样本的分布情况、选用的极值概率模型和未知参数的估计方法等等，判断精度高低一般采用拟合优度检验的方法。拟合优度检验可用来检验极值样本对总体概率分布的符合情况，亦可用来比较不同分布模型对极值样本辨识的优劣程度。

拟合优度检验的原假设(基本假设)$H_0$ 和对立假设 $H_1$ 分别为

$$
\left.
\begin{array}{l}
H_0 : F(x) = F_0(x) \\
H_1 : F(x) \neq F_0(x)
\end{array}
\right\}
\tag{6.21}
$$

式中　$F(x)$——极值样本的假设分布;

　　　$F_0(x)$——极值样本的经验频率分布。

常用的检验方法有柯尔莫哥洛夫检验法(Kolmogorov - Smirnov,即 K - S 检验法),$\chi^2$ 检验,Anderson - Darling(A - D)统计量检验、分位数图(Quantile - Quantile,即 Q - Q 图)等。

### 6.4.1　Kolmogorov - Smirnov(K - S)检验法

K - S 检验法是一种较常用的拟合优度检验方法,其不仅可以用于大样本的情况,亦可应用于小样本。K - S 检验的基本思路是通过计算比较极值样本点的经验概率与理论概率的差值来判断拟合优度。Kolmogorov 统计量为

$$
D_n = \sup_x |F_n(x) - F_0(x)| = \sup_x \{ |F_n(x) - F_0(x)| \}
\tag{6.22}
$$

式中　$F_n(x)$——经验频率分布;

　　　$F_0(x)$——待检验的分布函数形式;

　　　$D_n$——Kolmogorov 统计量,表示在所有点上经验分布与理论分布差的最大值。

使用 K - S 检验法的步骤如下:

(1) 根据所提取的飞行参数极值样本,求各个取值范围内的 $F_n(x)$ 与 $F_0(x)$;

(2) 根据公式(6.22)计算统计量 $D_n$;

(3) 根据极值样本容量 $n$ 和显著性水平 $\alpha$,查询 $D_n(\alpha)$;

(4) 通过对比 $D_n$ 和 $D_n(\alpha)$,得出接受或拒绝原假设的结论。

如显著性水平 $\alpha = 0.05$,对不同的样本容量 $n$,柯氏检验临界值为 $D_{n0}(0.05)$。若 $D_n < D_{n0}(0.05)$,则接受原假设 $H_0$,即认为极值样本的概率分布形式符合假设的分布类型;否则认为它不符合假设分布。

### 6.4.2　卡方检验法

一维分布的 $\chi^2$ 检验公式如下:

$$
\chi^2 = \sum_{i=1}^{n} \frac{(O_i - E_i)^2}{E_i}
\tag{6.23}
$$

式中　$O_i$——极值样本点 $x_i$ 的观测累积概率;

　　　$E_i$——由具体的分布函数求出 $x_i$ 的期望累计概率。其中极值样本点按照升序排列 $x_1 < x_2 < \cdots < x_n$。

### 6.4.3 Anderson - Darling(A - D) 检验法

A - D 检验的公式如下：

$$n \int_{-\infty}^{\infty} (F_n(x) - F(x))^2 \omega(x) \mathrm{d}F(x) \tag{6.24}$$

式中 $F_n(x)$ 为经验频率分布；$F(x)$ 为待检验的分布函数形式。$\omega(x)$ 为权重函数，它增加了厚尾分布更多的权重，使得 $A - D$ 检验对厚尾分布的描述更敏感，计算公式如下：

$$\omega(x) = [F(x)(1 - F(x))]^{-1} \tag{6.25}$$

A - D 检验的统计量为

$$A_n^2 = -n - \sum_{i=1}^{n} \frac{2i-1}{n} \big[ \ln(F(X_i)) + \ln(1 - F(X_{n+1-i})) \big] \tag{6.26}$$

式中 $\{X_1 < X_2 < \cdots < X_n\}$ 是按照大小顺序排列的极值样本点。

### 6.4.4 Quantile - Quantile(Q - Q) 图检验法

图解法可用于检验极值样本概率分布函数适配已知样本的经验频率分布的有效性。图解法将极值样本的概率密度函数与相应分布模型的概率密度函数进行曲线比较，可较为直观地观察拟配优度。

对于极值变量 $X$，以 $Q_\theta$ 表示其分布函数，$\theta$ 代表分布模型中的未知参数。用 Q - Q 图估计样本 $X_1, \cdots, X_n$ 对 $Q_\theta$ 的拟合程度，通过画散点图可以比较次序统计量与待检验分布的分位数。

$$(Q_{\hat{\theta}}^{-1}(p_{i,n}), X_{i,n}), \quad i = 1, \cdots, n \tag{6.27}$$

式中 $\hat{\theta}$ 表示由 $X_1, \cdots, X_n$ 得到的 $\theta$ 的估计值。

另外一种方法是构造 P - P 图(Probability - Probability)

$$Q_\theta(X_{i,n}), p_{i,n} \ \text{或} \ (1 - Q_\theta(X_{i,n}), 1 - p_{i,n}) \tag{6.28}$$

当极值变量 $X$ 严格符合分布类型 $F(x)$ 时，Q - Q 图和 P - P 图上的分位数散点图应为一条直线，其偏离线性的程度表示 $F(x)$ 对极值变量 $X$ 的不符合程度。

Q - Q 图的作图步骤如下：

(1) 求解 $Q_\theta(p)$ 与 $Q(p)$（待检验分布模型和其标准分布模型的分位数函数）；

(2) 用极值样本的经验分位数函数 $\hat{Q}_n(p)$ 代替 $Q(p)$；

(3) 画出 $\hat{Q}_n\left(\dfrac{i}{n+1}\right) = X_{i,n}$ 与 $Q_\theta\left(\dfrac{i}{n+1}\right)$ 的散点图；

(4) 检查线性程度。

# 6.5　统计特性分析

在利用相应的概率分布模型计算出具体的风险概率值之前,应首先对飞行参数 极值变量的统计特性进行研究。对飞行参数极值变量进行统计分析,结果见表 6.1。

表 6.1　极值样本统计量

| 极值样本 | 最小值 | 最大值 | 均值 | 中位数 | 方差 | 峰度系数 | 偏斜度 |
|---|---|---|---|---|---|---|---|
| 滚转角 /(°) | 27.47 | 103.72 | 44.20 | 40.43 | 209.16 | 6.064 0 | 1.667 |
| 下降高度 /m | 5.61 | 96.50 | 28.90 | 23.36 | 336.66 | 5.529 0 | 1.582 |
| 迎角 /(°) | 3.62 | 13.23 | 5.80 | 5.33 | 2.72 | 7.681 3 | 1.880 |

对于表 6.1 中涉及的概念,有两个量需要具体说明。

(1)峰度系数:峰度系数用来度量数据在中心聚集程度,公式定义如下:

$$k = \frac{E(x-\mu)^4}{\sigma^4} = \frac{\frac{1}{n}\sum_{i=1}^{n}(x_i-\overline{x})^4}{\left(\frac{1}{n}\sum_{i=1}^{n}(x_i-\overline{x})^2\right)^2} \tag{6.29}$$

式中　在标准正态分布的情况下,$k=3$。$k>3$ 说明所提取的极值样本更集中,有比正态分布更长的尾部;$k<3$ 说明提取的极值样本集中程度不高,有比正态分布更短的尾部,类似于矩形的均匀分布。

(2)偏度系数:偏度系数用来度量分布是否对称。正态分布左右是对称的,偏度系数为 0。正值表明该分布具有右侧较长尾部,负值表明该分布具有左侧较长尾部。

$$s = \frac{E(x-\mu)^3}{\sigma^3} = \frac{\frac{1}{n}\sum_{i=1}^{n}(x_i-\overline{x})^3}{\left(\sqrt{\frac{1}{n}\sum_{i=1}^{n}(x_i-\overline{x})^2}\right)^3} \tag{6.30}$$

观察表 6.1 可以发现,滚转角极值、下降高度极值与迎角极值的最大值均比最小值偏离均值与中位数的程度要大,说明其分布形式并不是左右对称的。继续分析表 6.1 可以看到三组极值样本滚转角、下降高度、迎角的峰度系数均大于 3,说明三组极值样本均有比正态分布更长的尾部;其偏斜度均大于 0,表明分布类型在右侧具有较长尾部。

图 6.2 为三组极值样本的盒形图,盒形中红线为样本的中位数,上下边界分别为样本正态分布范围的 25% 与 75% 界限。可以看出三组极值参数在上尾均有多

个样本点超出正态分布的界限范围。显然,亦可得到样本点的分布是不同于正态分布的上厚尾分布类型的结论。

通过对极值样本的统计分析,可以看出三种飞行参数极值变量的分布类型偏离正态分布程度较大,具有较明显的厚尾特性,也印证了本小节开头提出的假设。

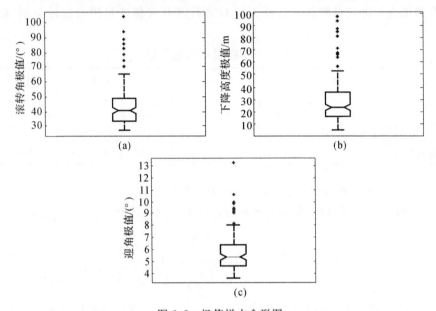

图 6.2　极值样本盒形图

(a)滚转角极值样本分布;　(b)下降高度极值样本分布;　(c)迎角极值样本分布

# 6.6　分布模型假设

针对此种上厚尾分布类型,极值理论中的 EV(Extreme Value,EV)分布、GEV(Generalized Extreme Value,GEV)分布与 GP(Generalized Pareto,GP)分布可以对厚尾分布进行描述,同时对数正态分布(Lognorma,LOGN)、威布分布(Weibull)、指数分布(Exponential,EXP)亦可以描述厚尾特性,故下文采用不同的分布模型来辨识一维极值参数,从而寻找对一位极值参数样本分布的描述最准确的分布模型。

GEV 分布的公式如(6.32)所示,GP 分布公式如式(6.31)所示。GEV 分布建立的统计模型通常称为区组分块最大值模型。其原理是对所得到的数据进行分块,通常选取一定时间或一定范围内的最大值,例如,某个运动员每年的最好成绩、某地区每年降雨量最大值、股市股指每月的最高位等等。GP 分布则是对飞行参数极值设定一定的阈值,从而提取超过这个阈值的所有样本点。本书一维飞行参数极值是通过每次飞行仿真计算中所提取的,其提取方式符合 GEV 的区组分块最大值提取方法,故首先排除 GP 分布。

广义 Pareto 分布(Generalized Pareto,GP):

$$G(x;\xi,\mu,\sigma) = 1 - \left(1 + \xi\,\frac{x-\mu}{\sigma}\right)^{-1/\xi} \tag{6.31}$$

式中  $x \geqslant \mu, 1 + \xi(x-\mu)/\sigma > 0$。

广义极值分布模型为(Generalized Extreme Value,GEV):

$$H(x;\xi,\mu,\sigma) = \exp\left\{-\left(1 + \xi\,\frac{x-\mu}{\sigma}\right)^{-1/\xi}\right\} \tag{6.32}$$

式中  $\xi \in \mathbf{R}, \mu \in \mathbf{R}, \sigma > 0, 1 + \xi(x-\mu)/\sigma > 0$。

正态分布(Normal):

$$F(x;\mu,\sigma) = \frac{1}{\sigma\sqrt{2\pi}}\int_{-\infty}^{x} \exp(-(t-\mu)^2/2\sigma^2)\,\mathrm{d}t \tag{6.33}$$

对数正态分布(Lognormal):

$$F(x;\mu,\sigma) = \frac{1}{\sigma\sqrt{2\pi}}\int_{0}^{x} \frac{\mathrm{e}^{\frac{-(\ln(t)-\mu)^2}{2\sigma^2}}}{t}\,\mathrm{d}t \tag{6.34}$$

威布分布(Weibull Distribution):

$$F(x;a,b) = \int_{0}^{x} ba^{-b}t^{b-1}\exp(-(t/a)^b)\,\mathrm{d}t \tag{6.35}$$

指数分布(Exponential):

$$F(x;\mu) = 1 - \exp(-x/\mu) \tag{6.36}$$

极值分布(EV):

$$F(x;\mu,\sigma) = -\exp\left(-\exp\left(\frac{x-\mu}{\sigma}\right)\right) \tag{6.37}$$

由于书中涉及极值变量的概率密度函数均是连续的,故排除 Poisson 分布等离散分布类型。下文将利用具体的一维极值飞行参数样本辨识分布模型中的未知参数。

# 6.7  未知参数辨识方法

## 6.7.1  辨识算法的比较分析

估计理论分布未知参数的传统方法有图解法、矩法、极大似然法和回归法等。图解法原理简单,但是计算量大,计算精度不够。矩法利用极值变量的数字特性估计其分布形式,但对样本的信息不能充分利用。

极大似然法(Maximum Likelihood Estimation,MLE)是模型未知参数估计

中最常用的方法,MLE 根据分布函数的概率密度导数构建对数似然函数(如下式),而后通过求解对数似然函数的最值来计算未知参数 $\mu,\sigma,\xi$ 的估计值。但其非线性方程组有时较难求出解析解,并且辨识未知参数的精度严重依赖于所选取的初值。初值的选取一般较为困难,从而影响了极大似然法的计算效率。

$$l(\mu,\sigma,\xi)=-n\lg\sigma-(1+1/\xi)\sum_{i=1}^{n}\lg\left[1+\xi\left(\frac{x_i-u}{\sigma}\right)\right]-\sum_{i=1}^{n}\left[1+\xi\left(\frac{x_i-u}{\sigma}\right)\right]^{-1/\xi}$$

(6.38)

回归法同样依赖于未知参数初值的选取,回归模型可表示为如下的形式:

$$y=f(x,b_0,b_1,\cdots,b_p)+\varepsilon \tag{6.39}$$

式中　　　　　$x$——自变量;

　　　　　　　$y$——因变量;

　　$b_0,b_1,\cdots,b_p$——待定参数;

　　　　　　　$\varepsilon$——误差项。

当 $f(x,b_0,b_1,\cdots,b_p)$ 是关于参数 $b_0,b_1,\cdots,b_p$ 的线性函数时,式(6.39)可以表示为线性回归模型。

各类型的极值分布均属非线性回归模型,问题描述为,当 $x,y$ 有一组观察值 $(x^{(1)},y^{(1)})$,$(x^{(2)},y^{(2)})$,$\cdots$,$(x^{(n)},y^{(n)})$,且真实值与理论值的误差分别为 $\varepsilon_1,\varepsilon_2,\cdots,\varepsilon_n$ 时,如何估计未知参数向量 $\boldsymbol{\beta}$ 的值,记 $\boldsymbol{\beta}=\begin{bmatrix}b_0 & b_1 & \cdots & b_p\end{bmatrix}$。在一定条件下,通过变量代换可将非线性回归转化为一元线性回归问题来处理,下面以最小二乘法为例,讨论简化 II 型极值分布式(6.5)的参数估计。

前面已证明,$i/(n+1)$ 为随机变量 $G_2(x_i)$ 的无偏估计,可近似代替 $G_2(x_i)$。于是得

$$y_i=\ln[-\ln G_2(x_i)]=k\ln(u-a)-k\ln(x_i-a)=c_1\ln(x_i-a)+c_2$$

(6.40)

采用最小二乘法,估计参数 $c_1,c_2$ 和 $a$,使得

$$H(c_1,c_2,a)=\sum_{i=1}^{n}\{y_i-[c_1\ln(x_i-a)+c_2]\}^2 \tag{6.41}$$

达到最小,可得回归方程。根据关系

$$\left.\begin{array}{l}c_1=-k\\c_2=k\ln(u-a)\end{array}\right\} \tag{6.42}$$

可以确定分布参数。

当误差项的分布满足 Gauss-Markov 假设,即 $E(\varepsilon_i)=0$,$Var(\varepsilon_i)=\sigma^2$,$Cov(\varepsilon_i,\varepsilon_j)=0$,$(i\neq j)$。估计参数向量 $\boldsymbol{\beta}$ 时,考察误差绝对值项 $r^{(i)}=|y^{(i)}-f(x^{(i)},\boldsymbol{\beta})|$,$i=1,2,\cdots,n$,选择合适的 $\boldsymbol{\beta}^*$,当 $\boldsymbol{\beta}=\boldsymbol{\beta}^*$ 时,使误差绝对值总和最小,即

$$\min \sum_{i=1}^{n} r^{(i)} = \min \sum_{i=1}^{n} |y^{(i)} - f(x^{(i)}, \boldsymbol{\beta})| \tag{6.43}$$

该模型为最小绝对偏差模型(Least Absolute Deviation，LAD)。采用最小二乘法(Least - squares Method，LSM)可以获得较满意的效果。对于极值分布，Gauss - Markov 假设并不能成立，用 LSM 获得的结果不够准确。

本书结合对数似然函数式(6.38)与最小绝对偏差模型式(6.43)，提出了基于概率密度公式与累积概率方差相结合的目标函数。设上文分布族式(6.31)～式(6.37)统一形式为 $F(x; \theta_1, \theta_2, \cdots, \theta_m)$，$f(x; \theta_1, \theta_2, \cdots, \theta_m)$ 为其密度函数，其中 $\theta$ 为未知参数。将一维极值参数的子样值升序排列得到 $(x_1, x_2, \cdots, x_n)$，构建待辨识的目标函数如下：

$$H(x_1, x_2, \cdots, x_n; \theta_1, \theta_2, \cdots, \theta_k) = \prod_{i=1}^{n} f(x_i; \theta_1, \theta_2, \cdots, \theta_k) - \sum_{i=1}^{n} \left( F(x_i; \theta_1, \theta_2, \cdots, \theta_k) - \frac{i}{n+1} \right)^2 \tag{6.44}$$

分析目标函数式(6.44)构造复杂，具有较强的非线性特征，需要采用非线性最优化算法辨识分布参数；又因评估模型的局部最优解相对来说较少，且局部最优解特征不明显，非线性算法较易逃出局部最优解。因此需选用局部搜索能力强的算法以提高精度。对比几种常用算法后发现，GA 把握总体的能力较强。但是存在着局部搜索能力差、容易早熟、没有考虑目标函数梯度等缺点。而至于 GA 的变种算法(自适应遗传算法、多变异遗传算法、模糊遗传算法、模拟退火遗传算法和小生境遗传算法等等)，这些算法比起单纯的遗传算法来说改进了其局部搜索能力差的缺点，但所要进行的计算一般较复杂，耗费资源较多，收敛速度较慢，在处理有大量样本数据的模型时存在显著缺陷，因文中的极值样本点较多，故目标函数式(6.44)的复杂程度和计算量相应地比较大，因此需选用一种高效的算法。

综上所述，局部搜索能力强且收敛速度较快的粒子群算法[121]较适合书中的仿真优化环境。但对于 PSO 算法来说，它最初阶段给定的搜索范围通常在以后的整个搜索迭代过程中是固定的。随着迭代过程的进行，最初的搜索区间变得相对过大，从而影响了找到最优解的速度和精度。因此，如何来动态地改变搜索区间是很有意义的做法。这样随着搜索过程的进行来减小搜索区间的范围可以获得高精度的最优值。具体的思路是根据迭代过程中变量的变化来减小动态搜索区间，从而使粒子的聚集区间越来越小来获得高精度的全局最优值。而 PSO 的改进算法自适应粒子群(Adaptive Range Particle Swarm Optimization，ARPSO)可以动态地改变搜索区间，它的具体思路是根据迭代过程中变量的变化来减小动态搜索区间的区间，从而使粒子的聚集区间越来越小，进而获得高精度的全局最优值。

### 6.7.2 ARPSO算法辨识目标函数的流程

对目标函数的辨识流程如下:

(1) 将目标函数式(6.44)的未知参数 $\theta = (\theta_1, \theta_2, \cdots, \theta_m)$ 视为一个 $m$ 维的粒子,设置最初的搜索区间、粒子的数量和最大搜索迭代次数 $k_{max}$。初始化迭代次数 $k$ 为1。在此后每次迭代的搜索区间中随机地给定每个粒子最初的位置和速度。

(2) 计算每个粒子对应的目标函数值。

(3) 确定每个粒子此时找到的最优位置 $\boldsymbol{P}_d^k$ 和整个粒子群此时找到的最优位置 $\boldsymbol{P}_g^k$。

(4) 设每个粒子在第 $k$ 次迭代时的位置为 $\boldsymbol{\theta}_d^k$,速度为 $\boldsymbol{v}_d^k$,利用式(6.45)和式(6.46)更新每个粒子的位置和速度:

$$\boldsymbol{\theta}^{k+1} = \boldsymbol{\theta}^k + \boldsymbol{v}_d^{k+1} \tag{6.45}$$

$$\boldsymbol{v}_d^{k+1} = w\boldsymbol{v}_d^k + c_1 r_1 (\boldsymbol{p}_d^k - \boldsymbol{\theta}_d^k) + c_2 r_2 (\boldsymbol{p}_g^k - \boldsymbol{\theta}_d^k) \tag{6.46}$$

式中　$r_1$ 和 $r_2$——0 到 1 之间的随机值;

$c_1, c_2$—— 正的常数,$c_1 + c_2 \leqslant 4$,一般情况下取 $c_1 = c_2 = 2$。

(5) 由下式更新权重 $w$:

$$w = \begin{cases} w_{max} - \dfrac{(w_{max} - w_{min})(f - f_{min})}{(f_{avg} - f_{min})}, & f \leqslant f_{avg} \\ w_{max}, & f > f_{avg} \end{cases} \tag{6.47}$$

式中　$f$—— 粒子当前迭代的目标函数值;

$f_{avg}, f_{min}$—— 当前迭代中所有粒子的目标函数平均值和最小目标函数值。

(6) 更新迭代次数 $k$ 为 $k = k + 1$。计算变量 $\theta_i^{k+1}$ 的平均值 $\mu_i^{k+1}$ 和标准差 $\sigma_i^{k+1}$。设定标准差为 $\sigma_{i,min}^{k+1} = \sigma_i^{k+1,L} = \sigma_i^{k+1,R}$,其中 $i = 1, 2, \cdots, m$,表示 $m$ 维未知参数 $\theta = (\theta_1, \theta_2, \cdots, \theta_m)$ 的分量。

(7) 对标准差进行修正:

$$\left. \begin{array}{l} \sigma_i^{k+1,L} < \sigma_{i,min}^{k+1} \rightarrow \sigma_i^{k+1,L} = \sigma_{i,min}^{k+1} \\ \sigma_i^{k+1,R} < \sigma_{i,min}^{k+1} \rightarrow \sigma_i^{k+1,R} = \sigma_{i,min}^{k+1} \end{array} \right\} \tag{6.48}$$

(8) 根据式(6.50)设置动态搜索区间。

在最初的迭代阶段($k = 1$),由于没有可用的变量信息来确定动态搜索范围,首先用PSO算法进行迭代。用普通的PSO算法得到第 $k$ 次迭代的变量平均值 $\mu_i^k$ 和标准差 $\sigma_i^k$,定义一般形式的正态分布函数如式(6.49),从而可以由式(6.50)来确定下次迭代的动态搜索区间。

$$N(\theta_i^k) = \exp\left(-\frac{(\theta_i^k - \mu_i^k)^2}{2(\sigma_i^k)^2}\right) \tag{6.49}$$

$$\mu_i^{k+1} - \sqrt{-2(\sigma_i^{k+1,L})^2 \lg a_i} \leqslant \theta_i^{k+1} \leqslant \mu_i^{k+1} + \sqrt{-2(\sigma_i^{k+1,R})^2 \lg a_i} \tag{6.50}$$

式中 　$\theta_i$——$\theta=(\theta_1,\theta_2,\cdots,\theta_m)$ 的分量；

　　　$k$—— 迭代次数。

在式(6.50) 中，$a_i$ 为系统参数，$\mu_i^{k+1}$ 为本次迭代中变量 $\theta_i^{k+1}$ 的平均值，$\sigma_i^{k+1,L}$ 和 $\sigma_i^{k+1,R}$ 分别代表变量 $\theta_i^{k+1}$ 左右两边的标准差。动态搜索区间由图 6.3 给出。

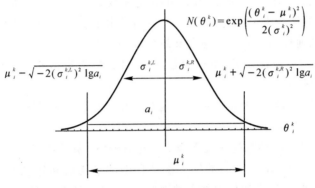

图 6.3　动态搜索区间

(9) 随着迭代搜索的进行，许多随机地分布在搜索区间内的粒子会往全局最优点方向移动，因此动态搜索区间会随着迭代搜索过程的进行而减小。利用下式来更新 $\theta=(\theta_1,\theta_2,\cdots,\theta_m)$ 每个分量的系统参数 $a_i$：

$$a_i=a_{i,\min}+\frac{(a_{i,\max}-a_{i,\min})}{k_{\max}}k \tag{6.51}$$

式中 　$i=1,2,\cdots,m$。动态搜索区间、平均值 $\mu_i^k$、第 $k$ 次迭代后变量的标准差 $\sigma_i^k$ 被确定后，需要确定系统参数值 $a_i$。其中 $a_{i,\min}$ 可以设置为趋近于 0 的非负值（如 $a_{i,\min}=1.0\times10^{-5}$）。但是，确定 $a_{i,\max}$ 的大小是很困难的。如果它被设置为接近于 1 的值，最终阶段的动态搜索区间会接近于 0。也可以将 $a_i$ 设置为一个随机的值，但是，在算法中使用随机的参数值对于算法的整体稳定性不是那么理想。因此，必须为系统参数 $a_i$ 设定一个合适的值。

为了在最终的搜索阶段保证动态搜索区间的大小，需要设置第 $k$ 次迭代变量的最小标准差 $\sigma_{i,\min}^k$。使用边界约束将 $\sigma_{i,\min}^k$ 定义如下：

$$\sigma_{i,\min}^k=\varepsilon_i^1(\theta_i^{k,U}-\theta_i^{k,L}) \tag{6.52}$$

在最终的搜索阶段，期望绝大多数粒子会围绕着全局最优点运动。此时的动态搜索区间可以定义如下：

$$\varepsilon_i^2(\theta_i^{k,U}-\theta_i^{k,L}) \tag{6.53}$$

在式(6.52) 和式(6.53) 中，$\varepsilon_i^1$ 和 $\varepsilon_i^2$ 为较小的正值，$\varepsilon_i^1$ 表示和 $\sigma_{i,\min}^k$ 相关的参数，$\varepsilon_i^2$ 表示和动态搜索区间相关的参数，由式(6.50) 和式(6.53) 可以得到

$$2\sqrt{-2\sigma_{i,\min}^{k\,2}\lg a_{i,\max}}=\varepsilon_i^2(\theta_i^{k,U}-\theta_i^{k,L}) \tag{6.54}$$

假定 $\sigma_{i,\min}^k = \sigma_i^{k,L} = \sigma_i^{k,R}$。将式（6.54）代入式（6.52）中，则 $a_{i,\max}$ 可以由下式求得：

$$a_{i,\max} = \exp\left(-\frac{1}{8}\left(\frac{\varepsilon_i^2}{\varepsilon_i^1}\right)^2\right) \tag{6.55}$$

式（6.55）意味着 $a_{i,\max}$ 由 $\varepsilon_i^1$ 和 $\varepsilon_i^2$ 的比值来确定。采用式（6.55）后，可以在迭代开始阶段设置比较大的动态搜索区间，而随着迭代的进行可以减小动态搜索区间的范围，有效地提高了收敛的速度和最优解的精度。

（10）如果全局最优点 $\boldsymbol{P}_g$ 不在动态搜索区间内，需根据式（6.58）和式（6.59）调整动态搜索区间。

在一般情况下，都认为 $\sigma_i^{k,L}$ 和 $\sigma_i^{k,R}$ 是相等的。但是在以下的情况下 $\sigma_i^{k,L}$ 或者 $\sigma_i^{k,R}$ 的值是需要调整的。

1）一般情况下的动态搜索范围确定。在 ARPSO 算法中，第 $k+1$ 次迭代的变量的动态搜索区间是由在先前的第 $k$ 次迭代中的平均值和标准差来定义的。因此，动态搜索区间在每次迭代中都会被更新，更新的示意图如图 6.4 所示。

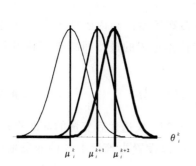

图 6.4　动态区间更新示意图

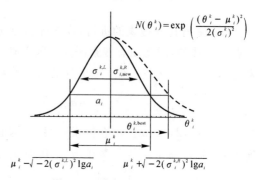

图 6.5　动态区间调整示意图

在图 6.4 中，$\mu_i^k$ 代表在第 $k$ 次迭代中第 $i$ 个变量的平均值，并且 $\mu_i^k$ 是动态搜索区间的中心。因此，前 $k$ 次迭代得到的目标函数的最优位置，有可能是在动态搜索区间之外。因此有必要采用一些手段将最优位置保留在动态搜索区间之内。

2）在 $\mu_i^k + \sqrt{-2\,(\sigma_i^{k,R})^2\lg a_i} < \theta_i^{k,\text{best}}$ 的情况下。$\theta_i^{k,\text{best}}(i=1,2,\cdots,m)$ 代表全局最优解 $P_g^k$ 位置变量的分量。正如图 6.5 中所示，$\theta_i^{k,\text{best}}$ 的位置在动态搜索区间的右边。在图 6.5 中，实线表示的是原来的动态搜索区间。在此情况下，计算出新的标准差 $\sigma_{i,\text{new}}^{k,R}$，根据式（6.56）可以推出新的标准差 $\sigma_{i,\text{new}}^{k,R}$，如式（6.57）所示。

$$a_i = \exp\left(-\frac{(\theta_i^{k,\text{best}} - \mu_i^k)^2}{2\,(\sigma_{i,\text{new}}^{k,R})^2}\right) \tag{6.56}$$

$$\sigma_{i,\text{new}}^{k,R} = \sqrt{-\frac{(\theta_i^{k,\text{best}} - \mu_i^k)^2}{2\lg a_i}} \tag{6.57}$$

最终,定义新的动态搜索区间如下:

$$\mu_i^k - \sqrt{-2\,(\sigma_i^{k,L})^2 \lg a_i} \leqslant \theta_i^k \leqslant \mu_i^k + \sqrt{-2\,(\sigma_{i,\mathrm{new}}^{k,R})^2 \lg a_i} \qquad (6.58)$$

图 6.5 中的虚线表示新的动态搜索范围边界。

3) 在 $\theta_i^{k,\mathrm{best}} < \mu_i^k - \sqrt{-2\,(\sigma_i^{k,L})^2 \lg a_i}$ 的情况下。和上述情况类似,采取同样的步骤获得新的标准差 $\sigma_{i,\mathrm{new}}^{k,L}$,确定新的动态搜索范围如下:

$$\mu_i^k - \sqrt{-2\,(\sigma_{i,\mathrm{new}}^{k,L})^2 \lg a_i} \leqslant \theta_i^k \leqslant \mu_i^k + \sqrt{-2\,(\sigma_i^{k,R})^2 \lg a_i} \qquad (6.59)$$

(11) 如果超出边界约束,根据式(6.60) 或式(6.61) 计算得出标准差,从而设置更新的动态搜索区间。

其中 $\theta_i^{k,U}$ 表示边界约束在 $x$ 轴右半区上的坐标位置;$\theta_i^{k,L}$ 表示边界约束在 $x$ 轴左半区上的坐标位置。正如在图 6.4 中所示的一样,动态搜索区间的中心在每次迭代中都有可能移动。从而可能会超出边界约束,图 6.6 表示上界被超出的情况。

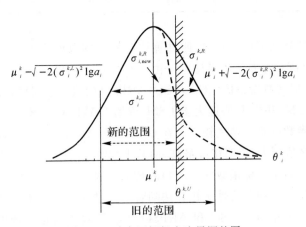

图 6.6　动态区间超出边界调整图

在这种情况下,新的标准差 $\sigma_{i,\mathrm{new}}^{k,R}$ 由下式计算:

$$\sigma_{i,\mathrm{new}}^{k,R} = \sqrt{-\frac{(\theta_i^{k,U} - \mu_i^k)^2}{2 \lg a_i}} \qquad (6.60)$$

把式(6.60) 代入式(6.59),得到更新后的动态搜索区间界限。当下界被超出时,计算得到新的标准差 $\sigma_{i,\mathrm{new}}^{k,L}$ 如下:

$$\sigma_{i,\mathrm{new}}^{k,L} = \sqrt{-\frac{(\theta_i^{k,L} - \mu_i^k)^2}{2 \lg a_i}} \qquad (6.61)$$

把式(6.61) 代入式(6.59),得到更新后的动态搜索区间。

(12) 返回步骤 2 进行迭代。当 $k > k_{\max}$ 时,算法结束。

### 6.7.3　辨识算法比较

根据上文中的非线性辨识算法分析,此节中分别运用 LSM,GA,PSO,

ARPSO 算法计算基于 GEV 分布的未知参数最优值。LSM 算法利用式(6.43)进行辨识,而 GA,PSO,ARPSO 利用文中提出的目标函数式(6.44)进行优化计算,将式(6.44)中的 $F(x;\theta_1,\theta_2,\cdots,\theta_m)$,$f(x;\theta_1,\theta_2,\cdots,\theta_m)$ 写成 GEV 分布的形式即可得到带辨识函数。辨识样本为极值参数 $\varphi_{\max}$。根据辨识后的分布函数与原极值参数进行拟合优度检验,并对收敛时间进行统计,结果见表 6.2。

表 6.2　不同辨识算法的比较

| 算法 | K-S | $P$ 值 | $\chi^2$ | 平均收敛时间/min |
|---|---|---|---|---|
| LSM | 0.157 5 | 0.396 2 | 0.521 2 | 0.112 9 |
| GA | 0.120 3 | 0.516 9 | 0.352 1 | 1.613 0 |
| PSO | 0.091 5 | 0.501 3 | 0.321 6 | 1.467 1 |
| ARPSO | 0.080 0 | 0.527 2 | 0.263 1 | 1.029 1 |

从表 6.2 计算结果可以发现,四种算法计算出的数值均大于 0.05,可以通过极值样本符合 GEV 分布的假设检验。由于是采用求解析解的优化方法,LSM 的计算时间最短,但其精度最低。GA,PSO,ARPSO 的收敛时间稍长,但其 K-S 值和 $\chi^2$ 远低于 LSM,并且 $P$ 值远大于 LSM,说明 GA,PSO,ARPSO 三种非线性优化算法对未知参数的辨识精度较高。在 GA,PSO,ARPSO 当中,ARPSO 的 K-S 值和 $\chi^2$ 最小,$P$ 值最大,说明精度最高,而其平均收敛时间最短,不难看出 ARPSO 是一种相对较合适于目标函数式(6.44)的辨识算法。

图 6.7 显示了 3 种非线性优化算法随着迭代过程的适应度变化趋势。可以看出 GA 的收敛速度相对于 PSO 和 ARPSO 算法收敛速度是最慢的,且在后期的(50~70 次)迭代中 GA 出现了轻微的不稳定趋势。而 ARPSO 算法的寻优能力非常优秀,该算法收敛十分迅速高效,可以很快收敛到稳定的全局最优解。

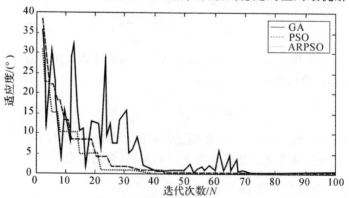

图 6.7　三种算法适应度的变化

图 6.8 中亦可以看出，采用 ARPSO 算法辨识出的累积概率分布曲线和极值点的拟合相似程度最高，PSO 算法其次，LSM 算法得出曲线的拟合误差最大。综上所述，ARPSO 算法占用资源少，对于局部最优解和全局最优解差异度较大的非线性模型来说其收敛速度快、精度相对较高。在书中的评估模型一般是类似式(6.44)的形式。因此选用 ARPSO 算法进行飞行风险定量评估可获得较快的收敛速度与较高的辨识精度，其对于基于极值理论的飞行风险定量评估具有广泛的适用性。

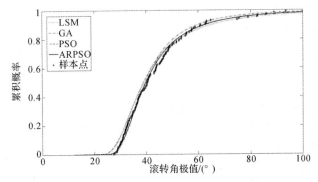

图 6.8　累积概率分布曲线与样本点累积频率的对比

# 6.8　案 例 分 析

## 6.8.1　一维飞行参数极值辨识结果分析

利用 ARPSO 算法最终辨识出模型式(6.31)~式(6.37)的一维极值分布模型的未知参数见表 6.3。在表 6.3 中，GEV 的待辨识依次为 $\xi,\mu,\sigma$；NORM 的待辨识参数为 $\mu,\sigma$；LOGNORM 的待辨识参数为 $\mu,\sigma$；WEIBULL 的待辨识参数为 $a,b$；EXP 的待辨识参数为 $\mu$；EV 的待辨识参数为 $\mu,\sigma$。

表 6.3　极值参数的辨识结果

| 模型 | 极值参数 $\varphi_{max}$ | 极值参数 $\Delta H_{max}$ | 极值参数 $\alpha_{max}$ |
|---|---|---|---|
| GEV | 0.318 0, 36.739 9, 7.824 0 | 0.268 9, 19.657 6, 10.306 0 | 0.251 7, 4.989 6, 0.913 7 |
| NORM | 44.203 2, 14.462 3 | 28.903 4, 18.348 2 | 5.795 7, 1.650 5 |
| LOGNORM | 3.745 0, 0.285 2 | 3.193 0, 0.580 3 | 1.724 2, 0.246 8 |
| WEIBULL | 49.284 2, 3.038 3 | 32.686 1, 1.723 3 | 6.408 0, 3.349 2 |
| EXP | 44.203 2 | 28.903 4 | 5.795 7 |
| EV | 52.377 5, 19.477 0 | 39.225 4, 24.116 6 | 6.738 8, 2.379 4 |

根据飞行风险发生条件式(5.9),将表6.3中极值参数 $\varphi_{\max}$ 的 GEV 参数 $\xi,\mu,$ $\sigma$ 代入式(6.62)的 $F_1(\varphi_{\max})$ 中,再根据式(6.63)求得以滚转角极值 $\varphi_{\max}$ 为风险评估参数时发生飞行风险的概率为 0.032 4。

$$F_1(\varphi_{\max};\xi,\mu,\sigma)=\exp\left(-\left(1+\xi\frac{\varphi_{\max}-\mu}{\sigma}\right)^{-1/\xi}\right) \qquad (6.62)$$

$$P_r=1-F_1(\varphi_{\max}/85>1) \qquad (6.63)$$

根据式(5.9)的飞行风险发生条件,将表6.3中极值参数 $\Delta H$ 的 GEV 参数 $\xi,$ $\mu,\sigma$ 代入式(6.64)的 $F_2(\Delta H_{\max})$ 中,再根据式(6.65)求得以下降高度极值 $\Delta H_{\max}$ 为风险评估参数时发生飞行风险的概率为 0.020 5。

$$F_2(\Delta H_{\max};\xi,\mu,\sigma)=\exp\left(-\left(1+\xi\frac{\Delta H_{\max}-\mu}{\sigma}\right)^{-1/\xi}\right) \qquad (6.64)$$

$$P_r=1-F_2(\Delta \overline{H}_{\max}>1) \qquad (6.65)$$

根据式(5.9)的飞行风险发生条件,将表6.3中的 GEV 分布参数 $\xi,\mu,\sigma$ 代入式(6.66)的 $F_3(\alpha_{\max})$ 中,再根据式(6.67)求得以滚转角 $\alpha_{\max}$ 为风险评估参数时发生飞行风险的概率为 0.008 2。

$$F_3(\alpha_{\max};\xi,\mu,\sigma)=\exp\left(-\left(1+\xi\frac{\alpha_{\max}-\mu}{\sigma}\right)^{-1/\xi}\right) \qquad (6.66)$$

$$P_r=1-F_3(\alpha_{\max}/\alpha_c(\delta_f,Ma)>1) \qquad (6.67)$$

由上文可知,从式(6.63)、式(6.65)和式(6.67)求出的飞行风险概率值是不相同的,这说明了由于飞行风险的判定需考虑多个具有决定性作用的极值参数,利用一维极值参数与一元极值 GEV 分布去求飞行风险概率不能全面地考虑其他飞行参数极值对飞行风险的影响,具有一定的局限性。而多元极值理论可以考虑到所有对飞行风险发生起决定作用的飞行参数极值。

### 6.8.2 GEV 描述一维飞行参数极值分布的准确性验证

利用第 6.4 节提到的 K-S 检验法、A-D 检验、$\chi^2$ 检验分析极值参数的拟合优度,见表 6.4~表 6.6。

**表6.4 极值参数 $\varphi_{\max}$ 的拟合优度检验**

| 分布模型 | K-S | $P$ 值 | A-D | $\chi^2$ |
|---|---|---|---|---|
| GEV | 0.080 0 | 0.527 2 | 0.257 4 | 0.125 4 |
| NORM | 0.140 0 | 0.035 8 | 6.285 1 | 3.182 0 |
| LOGNORM | 0.102 0 | 0.163 7 | 0.358 2 | 0.193 8 |
| WEIBULL | 0.110 0 | 0.166 8 | 2.611 1 | 1.352 7 |
| EXP | 0.236 7 | 2.030 8E-05 | 13.702 5 | 6.657 6 |
| EY | 0.253 3 | 3.798 5E-06 | 13.089 2 | 6.168 0 |

表 6.5    极值参数 $\Delta H_{max}$ 的拟合优度检验

| 分布模型 | K - S | P 值 | A - D | $\chi^2$ |
|---|---|---|---|---|
| GEV | 0.080 0 | 0.527 2 | 0.465 1 | 0.263 1 |
| NORM | 0.163 3 | 0.008 4 | 5.997 5 | 2.886 8 |
| LOGNORM | 0.116 7 | 0.122 3 | 2.084 3 | 1.106 5 |
| WEIBULL | 0.160 0 | 0.010 4 | 6.531 3 | 3.119 6 |
| EXP | 0.456 7 | 5.121 5e−19 | 36.382 7 | 14.352 9 |
| EV | 0.276 7 | 3.000 1e−07 | 13.490 7 | 6.192 6 |

表 6.6    极值参数 $\alpha_{max}$ 的拟合优度检验

| 分布模型 | K - S | P 值 | A - D | $\chi^2$ |
|---|---|---|---|---|
| GEV | 0.050 0 | 0.959 6 | 0.330 4 | 0.192 6 |
| NORM | 0.206 7 | 3.114 3e−04 | 6.431 9 | 3.374 1 |
| LOGNORM | 0.106 7 | 0.193 3 | 2.861 8 | 1.593 2 |
| WEIBULL | 0.156 7 | 0.013 0 | 7.777 6 | 3.911 6 |
| EXP | 0.463 3 | 1.454 2e−19 | 40.501 0 | 15.550 9 |
| EV | 0.233 3 | 2.801 1e−05 | 14.685 1 | 6.857 4 |

分析表 6.4～表 6.6 可以看出,GEV 分布的 P 值远远大于其他分布模型,
K - S 值亦要小于其他的模型,其 A - D 统计值和 $\chi^2$ 值均是最小。说明 GEV 在比
95% 的置信水平低得多的情况下亦能通过假设检验。表 6.4～表 6.6 中 Lognorm
的辨识精度亦较高,对三种极值参数辨识的 P 值均大于 0.1,但仍远远低于 GEV
模型的辨识精度。而其他的分布模型(如 EXP 和 EV)甚至在 99% 的置信水平下
都未能通过检验。

从图 6.9～图 6.11 中亦可看出 GEV 对极值样本的概率密度和累积概率的拟
合最为准确,其分布形式可以充分反映极值样本的分布信息。值得注意的是,EXP
分布对极值样本的拟合误差较大,其概率密度图的曲线类型与其他五种分布形式
不同,而其累计概率图同样具有最大的偏差。

综上所述,GEV 对极值参数的描述是极为准确的。可以得出复杂气流条件下
一维极值参数的分布严格符合 GEV 分布的结论。

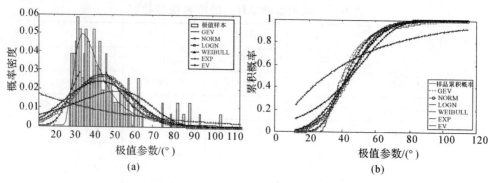

图 6.9　极值参数 $\varphi_{max}$ 的概率密度图与累积概率图

（a）六种分布形式对极值样本的概率密度拟合图；（b）六种分布形式对极值样本的累积概率拟合图

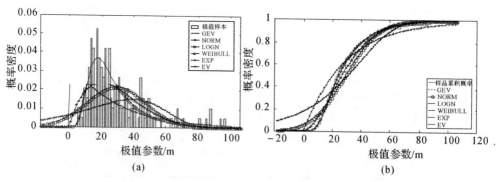

图 6.10　极值参数 $\Delta H_{max}$ 的概率密度图与累积概率图

（a）六种分布形式对极值样本的概率密度拟合图；（b）六种分布形式对极值样本的累积概率拟合图

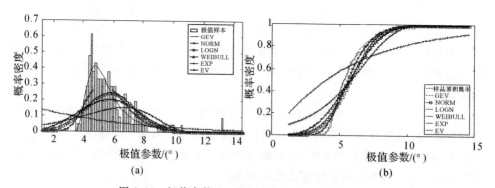

图 6.11　极值参数 $\alpha_{max}$ 的概率密度图与累积概率图

（a）六种分布形式对极值样本的概率密度拟合图；（b）六种分布形式对极值样本的累积概率拟合图

# 6.9 本章小结

(1)对飞行参数极值样本进行了统计学分析,确定了其具有显著的厚尾特性。构建了基于一维概率分布函数的目标模型,研究了针对目标模型的辨识算法。提出了使用 ARPSO 算法对目标函数中的多个未知参数进行辨识的步骤,考虑了 GA、粒子 PSO、ARPSO 三种非线性优化算法对评估模型的适用性,结果表明 ARPSO 算法的寻优能力非常优秀,收敛十分迅速高效,可以很快收敛到稳定的全局最优解。

(2)使用 GEV,NORM,LOGNORM,WEIBULL,EXP,EV 分布模型对飞行参数极值样本进行了辨识,拟合优度检验的结果表明 GEV 模型能以较高的精度对飞行参数极值样本的分布特性进行描述,从而验证了三种飞行参数极值 $\varphi_{max}$,$\Delta H_{max}$,$\alpha_{max}$ 均符合 GEV 分布。

# 第7章
# 基于多元极值 Copula 的
# 复杂气流风险定量评估

## 7.1 引　言

在极值理论中有较多的模型及方法可以用来构建一维极值分布,但书中复杂气流飞行风险的判定涉及二维极值参数的相关性结构。有关单变量的结论并不能平行推广到多元情形,其主要原因是多维随机变量的联合分布除了与各分量的边缘分布有关之外,更重要的是与变量之间相关性的关系。当随机变量的个数比较大时,单个分量的极值行为未必含有整个向量的联合极值行为。因此,多元极值理论中最重要的问题是研究边缘分布之间的相关性,如何对二维以上的极值参数空间进行描述则是一个理论难题,也是本章要解决的问题。目前对多维参数空间进行评估较有效的方法是构造参数间的相关性结构,如近些年比较流行的支持向量机对多维空间的分类,其实质就是构造相关性核函数。本章使用的 Copula 理论亦是采用相同的思路。但由于 Copula 理论是针对极值分布的评估而提出的,故在对极值相关性的描述上,Copula 极值分布模型能较好地反映极值参数之间的联系和发展趋势,相比其他方法具有较高的精度。多维极值的尾部相关性是研究复杂气流飞行参数数据的重要内容,本章在利用多元极值理论研究飞行参数极值的分布问题时需要构建 Copula 模型。而现有广义的 Copula 模型无法完整、合理地描述复杂气流条件下各参数间的相关性问题,因此构建新的适合复杂气流条件下飞行参数极值相关性结构的 Copula 函数是本章需解决的关键难点之一。

## 7.2 多元极值 Copula 模型

### 7.2.1 Copula 的定义与有关定理

Copula 在拉丁文中指链接多个事物的介质。在数学范畴内,Copula 是指多元随机变量的一维边缘分布与其联合分布之间的相关性函数,其严格的数学定义如下:

如果定义在集合 $I^N = \{0,1\}^N$ 上的 $N$ 元函数 $C$ 满足下列条件:

(1) $C$ 对函数内的每一个变量都是单调递增的；

(2) $C$ 的边缘分布 $C_n(\cdot)$ 满足：

$C_n(u_n) = C(1,\cdots,1,u_n,1,\cdots,1) = u_n, C(0,\cdots,0,u_n,0,\cdots,0) = 0$，其中 $u_n \in \{0,1\}, n \in \{1,N\}$。

则称函数 $C$ 为 Copula。

根据 Copula 的定义，设 $C$ 为随机极值变量 $(X_1,\cdots,X_N)$ 的 $N$ 元 Copula 函数。如果 $F_1,\cdots,F_N$ 是一元分布函数，令 $u_n = F_n(x_n)$ 是一元极值变量。则 $C(F_1(x_1),\cdots,F_n(x_n),\cdots,F_N(x_N))$ 是具有边缘分布形式 $F_1,\cdots,F_N$ 的多元分布函数。

反之，如 $F_1(x_1),\cdots,F_n(x_n),\cdots,F_N(x_N)$ 为一元连续分布函数，令 $u_n = F_n(x_n)$，如任意 $u_n$ 均服从 $[0,1]$ 上的均匀分布，则 $(U_1,U_2,\cdots,U_N)$ 的联合分布函数为

$$P(U_1 \leqslant u_1,\cdots,U_N \leqslant u_N) = F(F_1^{-1}(u_1),\cdots,F_N^{-1}(u_N)) = C(u_1,\cdots,u_N)$$

$$(7.1)$$

故 Copula 可以看作是边缘分布形式为 $[0,1]$ 均匀分布的随机极值变量 $(U_1,U_2,\cdots,U_N)$ 的联合分布函数。其反映了随机极值向量 $(X_1,\cdots,X_N)$ 各分量之间的相关结构，这种相关结构与 $C$ 的边缘分布形式无关。下面介绍 Copula 理论的基本定理——Sklar 定理。

**定理 7.1（Sklar 定理）**　设随机向量 $(X_1,\cdots,X_N)$ 的分布函数为 $F(x_1,x_2,\cdots,x_N)$，边缘分布函数分别为 $F_1(x_1),F_2(x_2),\cdots,F_N(x_N)$，则对于任意的 $(x_1,x_2,\cdots,x_N) \in \mathbf{R}$，一定存在一个 Copula $C$，使得

$$F(x_1,x_2,\cdots,x_N) = C(F_1(x_1),\cdots,F_n(x_n),\cdots,F_N(x_N)) \qquad (7.2)$$

若 $F_1(x_1),F_2(x_2),\cdots,F_N(x_N)$ 均是连续分布函数，则 $C$ 是唯一的；反之，若 $F_1(x_1),F_2(x_2),\cdots,F_N(x_N)$ 为一元分布函数，那么由式 (7.2) 定义的函数 $F$ 是边缘分布 $F_1(x_1),F_2(x_2),\cdots,F_N(x_N)$ 的联合分布函数。

通过 Copula $C$ 的密度函数 $c$ 和边缘分布 $F_1(x_1),F_2(x_2),\cdots,F_N(x_N)$，可以求出 $N$ 元分布函数 $F(x_1,x_2,\cdots,x_N)$ 的密度函数：

$$f(x_1,x_2,\cdots,x_N) = c(F_1(x_1),\cdots,F_n(x_n),\cdots,F_N(x_N))\prod_{n=1}^{N} f_n(x_n) \quad (7.3)$$

式中　$c(u_1,\cdots,u_n,\cdots,u_N) = \partial C(u_1,\cdots,u_n,\cdots,u_N)/\partial u_1 \cdots \partial u_n \cdots \partial u_N$；

　　$f_n(x_n)$——边缘分布 $F_n(x_n)$ 的密度函数。

综上所述，Copula 是由随机极值向量之间的相关性决定的，其存在性和唯一性由 Sklar 定理决定。Sklar 定理描述了联合分布函数 $F$ 与其对应的 Copula $C$ 之间的关系。

以分布函数 $H(x,y)$ 为例说明 Sklar 定理的应用，$H(x,y)$ 的公式如下：

$$H(x,y) = \exp\{-(x^{-\delta} + y^{-\delta})^{1/\delta}\}, \quad x > 0, y > 0, \delta \geqslant 1 \tag{7.4}$$

其边缘分布函数分别为

$$\left. \begin{array}{l} F(x) = H(x,\infty) = e^{-1/x}, \quad x > 0 \\ G(y) = H(\infty,y) = e^{-1/y}, \quad y > 0 \end{array} \right\} \tag{7.5}$$

令 $u = F(x), v = G(y)$,则相应的 Copula 为

$$C(u,v) = \exp\{-((-\lg u)^{\delta} + (-\lg v)^{\delta})^{1/\delta}\}, \quad \delta \geqslant 1 \tag{7.6}$$

式(7.6)即为常用的 Gumbel Copula。

### 7.2.2 Copula 的基本性质

对于 Copula $C$ 有以下性质(以二元情形为例):

**定理 7.2** 对任意 $(u,v) \in [0,1]^2$,都有 $W(u,v) \leqslant C(u,v) \leqslant M(u,v)$,其中

$$\left. \begin{array}{l} M(u,v) = \min\{u,v\} \\ W(u,v) = \max\{u + v - 1, 0\} \end{array} \right\} \tag{7.7}$$

都是 Copula。称 $M(u,v)$ 和 $W(u,v)$ 分别为 Fréchet-Hoeffding 上、下界。$U, V$ 为服从 $[0,1]$ 均匀分布的随机变量。若其联合分布函数为 $M$,那么 $P(U=V)=1$,$U,V$ 完全正相关,表示了 $U$ 是 $V$ 的严格单调递增函数;若其联合分布函数为 $W$,那么 $P(U+V=1)=1$,$U,V$ 完全负相关,表示了 $U$ 是 $V$ 的单调递减函数。

**定理 7.3** 设连续随机极值向量 $(X,Y)$ 的 Copula 为 $C_{X,Y}$,如果 $\alpha(X), \beta(X)$ 都是严格单调递增函数,则

$$C_{X,Y}(u,v) = C_{\alpha(X),\beta(X)}(u,v) \tag{7.8}$$

此定理说明 $(X,Y)$ 在严格单增变换下,随机变量间的 Copula 保持不变。如果 $\alpha(X), \beta(X)$ 均为严格单调递减函数,则

$$C_{\alpha(X),\beta(X)}(u,v) = u + v - 1 + C_{X,Y}(1-u, 1-v) \tag{7.9}$$

如果 $\alpha(X)$ 严格单调递增,$\beta(X)$ 严格单调递减,则

$$C_{\alpha(X),\beta(X)}(u,v) = u - C_{X,Y}(u, 1-v) \tag{7.10}$$

而如果 $\alpha(X)$ 严格单调递减,$\beta(X)$ 严格单调递增,则

$$C_{\alpha(X),\beta(X)}(u,v) = v - C_{X,Y}(1-u, v) \tag{7.11}$$

**定理 7.4** 令 $C$ 是一个 Copula,则对任意的 $s_1, s_2, t \in \mathbf{I}, s_1 \leqslant s_2$ 有

$$C(s_1,t) \leqslant C(s_2,t), \quad C(t,s_1) \leqslant C(t,s_2) \tag{7.12}$$

说明 Copula $C$ 对于每个变量是非降的。对任意的 $u_1, u_2, v_1, v_2 \in \mathbf{I}$,且 $u_1 \leqslant u_2, v_1 \leqslant v_2$ 有 $|C(u_2,v_2) - C(u_1,v_1)| \leqslant |u_2 - u_1| + |v_2 - v_1|$(满足 Lipschitz 条件)。

**定理 7.5** 令 $C$ 是一个 Copula,则 $C$ 关于 $u, v$ 的偏导数存在,且

$$0 \leqslant \frac{\partial}{\partial u} C(u,v) \leqslant 1, \quad 0 \leqslant \frac{\partial}{\partial v} C(u,v) \leqslant 1 \tag{7.13}$$

**定理 7.6** 假设 $C_1$ 和 $C_2$ 均为 Copula,有 $\theta \in [0,1]$,则 $(1-\theta)C_1 + \theta C_2$ 亦为 Copula,即多个 Copula 的凸线性组合成的函数仍然是 Copula。

**定义 7.1** 设随机变量 $(X,Y)$ 有联合分布 $F(x,y)$,其 Copula 为 $C$。则 $\bar{F}(x,y) = \Pr(X > x, Y > y)$ 的 Copula 可记为 $\hat{C}$,$\hat{C}$ 为生存 Copula。

$$\bar{F}(x,y) = \hat{C}(\bar{F}_1(x), \bar{F}_2(y)) \tag{7.14}$$

生存 Copula 亦满足 Copula 的边界条件:

$$\hat{C}(t,0) = \hat{C}(0,t) = t + 0 - 1 + C(1-t,1) = 0 \tag{7.15}$$

$$\hat{C}(t,1) = \hat{C}(1,t) = t + 1 - 1 + C(1-t,0) = t \tag{7.16}$$

对任意的 $u_1, u_2, v_1, v_2 \in [0,1]$,$u_1 \leqslant u_2, v_1 \leqslant v_2$ 有下式成立:

$$\hat{C}(u_2,v_2) - \hat{C}(u_2,v_1) - \hat{C}(u_1,v_2) + \hat{C}(u_1,v_1) = C(1-u_2,1-v_2) -$$
$$C(1-u_2,1-v_1) - C(1-u_1,1-v_2) +$$
$$C(1-u_1,1-v_1) \geqslant 0 \tag{7.17}$$

$\hat{C}$ 与 $C$ 的关系为

$$\hat{C}(u,v) = u + v - 1 + C(1-u,1-v) \tag{7.18}$$

同样,Copula $\tilde{C}$ 和 Copula $C^*$ 也可以用 Copula $C$ 来表示:

$$\tilde{C}(u,v) = u + v - C(u,v) \tag{7.19}$$

$$C^*(u,v) = 1 - C(1-u,1-v) \tag{7.20}$$

式(7.20)的意义在于从不同的角度描述了随机变量 $X,Y$ 取值的概率:

$$\left. \begin{array}{l} P(X \leqslant x, Y \leqslant y) = C(F_1(x), F_2(y)) \\ P(X > x, Y > y) = \hat{C}(\bar{F}_1(x), \bar{F}_2(y)) \\ P(X \leqslant x \ \text{or} \ Y \leqslant y) = \tilde{C}(F_1(x), F_2(y)) \\ P(X > x \ \text{or} \ Y > y) = C^*(\bar{F}_1(x), \bar{F}_2(y)) \end{array} \right\} \tag{7.21}$$

式中 $\bar{F}_1(x) = 1 - F_1(x), \bar{F}_2(y) = 1 - F_2(y)$ 是边缘生存分布函数。

**定义 7.2** 假设 $C_1$ 和 $C_2$ 是两个 Copula,如对于任意的 $(u,v) \in \mathbf{I}^2$,都有 $C_1(u,v) \leqslant C_2(u,v)$,则称 $C_1$ 小于 $C_2$。记为 $C_1 \prec C_2$,"$\prec$" 代表相关序符号。

在参数 Copula 族 $C_\theta$ 中,当 $\alpha < \beta$ 时,有 $C_\alpha \prec C_\beta$,则称参数族 $C_\theta$ 为正序 Copula 族;当 $\alpha < \beta$ 时,有 $C_\beta \prec C_\alpha$,则称参数族 $C_\theta$ 为负序 Copula 族。

**定义 7.3** 如果 Copula 族 $\{C_\theta(u,v), \theta \in \Theta\}$ 同时包含最小 Copula $W(u,v)$,最大 Copula $M(u,v)$ 和乘积 Copula $\Pi(u,v)$,则称 Copula 族 $C_\theta(u,v)$ 是综合 Copula 族。

**定义 7.4** 令 $C$ 是一个 Copula,$a$ 是 $\mathbf{I}$ 中任一元素,$C(u,a)$ 称作 $C$ 的水平部分,$C(a,v)$ 称作 $C$ 的垂直部分,$C(u,u)$ 称作 $C$ 的对角线部分。

**定义 7.5** 对任意的 Copula $C$，令 $C(u,v)=A_C(u,v)+S_C(u,v)$。其中 $A_C(u,v)=\int_0^u\int_0^v \frac{\partial^2}{\partial s\partial t}C(s,t)dtds$，$S_C(u,v)=C(u,v)-A_C(u,v)$，如果 $C\equiv A_C$，则称 $C$ 是绝对连续的；如果 $C\equiv S_C$，则称 $C$ 是奇异的。$C\equiv A_C$，即联合分布函数有一个联合密度函数为 $\frac{\partial^2}{\partial u\partial v}C(u,v)$，$C\equiv S_C$ 表示 $\frac{\partial^2}{\partial u\partial v}C(u,v)\overset{a.e}{=}0$。

### 7.2.3 阿基米德 Copula 函数族

常见的 Copula 函数主要有乘积 Copula 函数、最小 Copula 函数和最大 Copula 函数、椭圆 Copula 函数（主要有正态 Copula 和 $t$ - Copula）、阿基米德 Copula 函数。书中使用的大多为阿基米德 Copula。阿基米德 Copula 的应用较广，且具有易于构造与易于计算的特点。其自身的构造形式多样，可以符合绝大多数多元极值变量的分布形式。

在定义阿基米德 Copula 函数时首先要引进 Copula 函数的生成元。

**定义 7.6** 假设严格单调函数 $\varphi([0,1]\rightarrow[0,\infty])$ 满足条件：$\varphi(1)=0$，则 $\varphi$ 的拟逆函数 $\varphi^{[-1,48]}$ 为

$$\varphi^{[-1]}(t)=\begin{cases}\varphi^{-1}(t), & 0\leqslant t\leqslant\varphi(0)\\ 0, & \varphi(0)\leqslant t\leqslant\infty\end{cases} \tag{7.22}$$

式中 $\varphi^{[-1]}$ 的定义域为 $[0,\infty]$，值域为 $[0,1]$。则在多元情形下，函数 $\varphi(\cdot)$ 定义为阿基米德 Copula 函数 $C(u_1,\cdots,u_n)=\varphi^{[-1]}(\varphi(u_1)+\cdots\varphi(u_n))$ 的生成元。$\varphi(\cdot)$ 是在 $[0,1]$ 上的凸函数，且其严格递减。因此，阿基米德 Copula 一般都有与自身对应的 $\varphi(\cdot)$。

设 $U$ 和 $V$ 是服从 $[0,1]$ 均匀分布的随机变量，其联合分布函数为 $C(u,v)$，$C(u,v)$ 的生成元设为 $\varphi(\cdot)$。给出二元情形下随机变量 $C(u,v)$ 的分布函数为

$$K_C(t)=P(C(U,V)\leqslant t)=t-\frac{\varphi(t)}{\varphi'(t^+)} \quad (t\in\{0,1\}) \tag{7.23}$$

式中 $\varphi'(t^+)$ 表示 $\varphi(\cdot)$ 在 $t$ 处的右导数。

当生成元满足必需的条件时，按照上文的生成方式，可以得到多元 Archimedean Copula 函数的形式。常见的 Archimedean Copula 函数包括 Gumbel Copula，Clayton Copula 和 Frank Copula 等。下面给出这几种 Copula 函数的二元生成元和 Copula 函数形式。

常见的阿基米德 Copula 如下：

**1. Frank Copula**

生成元 $\varphi(t)=\ln\frac{e^{-\alpha t}-1}{e^{\alpha}-1}$，公式如下：

$$C(u,v) = -\frac{1}{\alpha}\ln\left\{1 + \frac{(e^{-\alpha u} - 1)(e^{-\alpha v} - 1)}{e^{-\alpha} - 1}\right\} \qquad (7.24)$$

式中　$\alpha \neq 0$。

### 2. Clayton Copula

生成元 $\varphi(t) = \frac{1}{\alpha}(t^{-\alpha} - 1)$，公式如下：

$$C(u,v) = (u^{-\alpha} + v^{-\alpha} - 1)^{-1/\alpha} \qquad (7.25)$$

式中　$\alpha \in (0, \infty)$。

### 3. Gumbel Copula

生成元 $\varphi(t) = (-\ln t)^{-\alpha}$，公式如下：

$$C(u,v) = \exp\{-[(-\ln u)^{\alpha} + (-\ln v)^{\alpha}]^{1/\alpha}\} \qquad (7.26)$$

式中　$\alpha \geqslant 1$。

图 7.1 和图 7.2 为 Kendall $\tau$ 相关系数为 0.6，边缘分布类型为正态分布的三种 Copula $C(u,v)$ 的概率密度函数等高线图和散点图。从图 7.3 中亦可较直观地看出三种 Copula 结构的区别，Frank Copula 在上下尾处具有比较对称的相依性，对上下尾均有一定的描述作用，Clayton Copula 对下尾有较高的相依性，可以较好地反映上尾分布的特性，Gumbel Copula 对上尾有较高的相依性，可以较好地反映上尾分布的特性，同时亦具有一定的对下尾的描述能力。

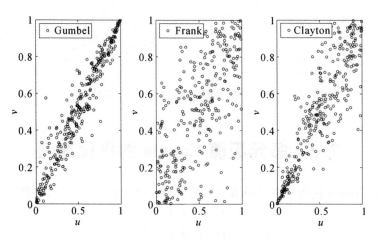

图 7.1　三种 Copula 概率密度函数的散点图

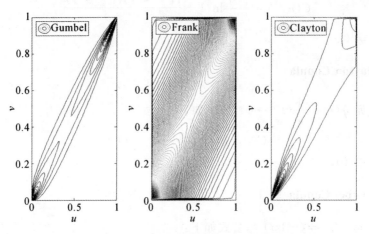

图 7.2　三种 Copula 概率密度函数的等高线图

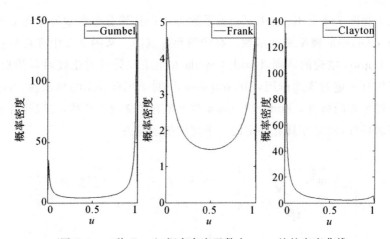

图 7.3　三种 Copula 概率密度函数在 $u=v$ 处的密度曲线

## 7.3　多元极值 Copula 的择优准则

针对 Copula 函数对多元极值变量的拟合优度检验,首先提出检验假设

$$\left.\begin{aligned} H_0 &: C \in C_0 \\ H_1 &: C \notin C_0 \end{aligned}\right\} \tag{7.27}$$

式中　$C$—— 待检验的 Copula 函数;

　　　$C_0$—— 多元极值变量的经验频率分布。

常用的检验方法如下：

## 1. $\chi^2$ 检验

通过计算服从 $\chi^2$ 分布的检验统计量来评价 Copula 函数的拟合优度。以二元 Copula 为例，步骤是将原样本序列做积分变换后得到两个符合均匀分布的随机序列。而后构造有 $K \times K$ 个网格的拓扑图，其中 $G(i,j)$ 代表 $i$ 行 $j$ 列的网格单元。以 $A_{ij}$ 表示实际落在 $G(i,j)$ 的样本点数，$B_{ij}$ 表示由 Copula 模型预测到落在 $G(i,j)$ 内的次数，由此可以得到 $\chi^2$ 检验统计量如下：

$$\chi^2 = \sum_{i=1}^{K} \sum_{j=1}^{K} \frac{(A_{ij} - B_{ij})^2}{B_{ij}} \tag{7.28}$$

其中检验统计量统计量 $\chi^2$ 服从自由度为 $(K-1)^2 - p - 1$ 的 $\chi^2$ 分布，$p$ 代表模型的参数。对于给定的显著性水平 $\alpha$，如 $\chi^2 > \chi_a^2((K-1)^2 - p - 1)$，则拒绝原假设，反之则接受假设检验。

## 2. AIC 和 BIC 信息准则

Akaike Information Criteria(AIC)准则是基于信息度量的定量判断 Copula 函数优劣的方法。AIC 利用 Copula 函数的似然函数作为判断辨识效果优劣的依据。Copula 函数的 AIC 值越小，其就越符合原始样本数据。贝叶斯信息准则 (BIC)的择优依据与 AIC 准则相同。假设 $(x_1, y_1), \cdots, (x_n, y_n)$ 是极值样本，$F_1$ 和 $F_2$ 是边缘分布函数，记 $u_i = F_1(x_i), v_i = F_2(y_i), i = 1, \cdots, n$，则 AIC 和 BIC 的计算公式如下：

$$AIC = -2 \sum_{i=1}^{n} \lg c(u_i, v_i; p) + 2k \tag{7.29}$$

$$BIC = -2 \sum_{i=1}^{n} \lg c(u_i, v_i; p) + k \lg n \tag{7.30}$$

$$c(u_i, v_i; p) = \frac{\partial^2}{\partial u \partial v} C(u_i, v_i; p), \quad i = 1, \cdots, n \tag{7.31}$$

式中　$k$——Copula 模型中未知参数的数目；

　　　$n$——样本的数量。

## 3. Klugman·Parsa 检验

根据上文中 Copula 的相关性质，对于 Copula 函数 $C(u,v)$，有 $u = F_1(x), v = F_2(y)$，$F_1$ 和 $F_2$ 为随机极值变量 $X$ 和 $Y$ 的分布函数。则 Copula 的边缘分布 $C_1, C_2$ 均服从 $[0,1]$ 均匀分布。

$$C_1(u,v) = C(u \mid v) = \frac{\partial C(u,v)}{\partial u} C_2(u,v) = C(v \mid u) \frac{\partial C(u,v)}{\partial v} \tag{7.32}$$

故将极值样本 $(x_i, y_i), i = 1, 2, \cdots, m$ 代入 $C_1(F_1(x), F_2(y))$ 中，得到 $\{C_{1i} = C_1(F_1(x_i), F_2(y_i))\}$，用 K-S 检验法验证在给定的置信水平下 $C_{1i}$ 的分布形式是否为 $[0,1]$ 上的均匀分布。如能通过 K-S 检验，则说明此 Copula 函数对极值样本的描述是准确的。

# 7.4　二维 Copula 模型的构建

基于 Copula 的多元极值分布可以描述如下。

对于任意的变量 $x = (x_1, \cdots, x_d) \in \mathbf{R}^d$，有

$$\lim_{n \to \infty} P\left(\frac{M_{n,1} - b_{n,1}}{a_{n,1}} \leqslant x_1, \cdots, \frac{M_{n,d} - b_{n,d}}{a_{n,d}} \leqslant x_d\right) = \lim_{n \to \infty} F^n(a_n x + b_n) = F(x)$$

(7.33)

如果 $F$ 为非退化分布，则函数 $F$ 是多元极值分布函数。根据 Copula 的相关定理：如果 $F$ 是多元极值分布函数，则 $F$ 的一维边缘分布必然为广义极值（GEV）分布族，如公式 (6.32) 所示。

根据 Sklar 定理构造文中的极值 Copula 模型。设随机极值向量 $(\varphi_{\max}, \Delta H_{\max})$ 的分布函数为 $F(\varphi_{\max}, \Delta H_{\max})$，随机极值向量 $(\varphi_{\max}, \alpha_{\max})$ 的分布函数为 $F(\varphi_{\max}, \alpha_{\max})$，随机极值向量 $(\Delta H_{\max}, \alpha_{\max})$ 的分布函数为 $F(\Delta H_{\max}, \alpha_{\max})$，边缘分布函数分别为 $F_1(\varphi_{\max})$，$F_2(\Delta H_{\max})$ 和 $F_3(\alpha_{\max})$，而在第 4 章已经验证 $F_1(\varphi_{\max})$，$F_2(\Delta H_{\max})$ 和 $F_3(\alpha_{\max})$ 符合 GEV 分布，故根据 Copula 相关定理，对于任意的 $(\varphi_{\max}, \Delta H_{\max}, \alpha_{\max}) \in \mathbf{R}^d$，一定存在 Copula $C_1, C_2, C_3$，使得

$$C_1(F_1(\varphi_{\max}), F_2(\Delta H_{\max})) = F(\varphi_{\max}, \Delta H_{\max}) \tag{7.34}$$

$$C_2(F_1(\varphi_{\max}), F_3(\alpha_{\max})) = F(\varphi_{\max}, \alpha_{\max}) \tag{7.35}$$

$$C_3(F_2(\Delta H_{\max}), F_3(\alpha_{\max})) = F(\Delta H_{\max}, \alpha_{\max}) \tag{7.36}$$

文中的 $F_1(\varphi_{\max})$，$F_2(\Delta H_{\max})$ 和 $F_3(\alpha_{\max})$ 都是连续分布函数，故 $C_1, C_2, C_3$ 是唯一的。由式 (7.34)~式 (7.36) 定义的函数 $C$ 是边缘分布为 GEV 形式的二元联合分布函数。对于文中参数极值的 Copula 形式选择，首先分析常用的 Copula 模型，有 Gumbel Copula 模型（式 (7.37)）、Frank Copula 模型（式 (7.38)）、Clayton Copula 模型（式 (7.39)）、GS Copula 模型（式 (7.40)）、Joe Copula 模型（式 (7.41)）。

$$C(u, v) = \exp\{-[(-\ln u)^\alpha + (-\ln v)^\alpha]^{1/\alpha}\} \tag{7.37}$$

式中，$\alpha \geqslant 1$，$\alpha = 1$ 表示 $u$ 与 $v$ 相互独立。$\alpha \to +\infty$ 表示 $u$ 与 $v$ 完全相关。其概率密度分布呈现上尾高下尾低的 J 型。说明 Gumbel Copula 模型对上尾的变化非常敏感，能较准确地描述上尾的分布特性，初步判断可用以反映文中极值参数的分布形式。

$$C(u,v) = -\frac{1}{\alpha}\ln\left\{1 + \frac{(e^{-\alpha u}-1)(e^{-\alpha v}-1)}{e^{-\alpha}-1}\right\} \tag{7.38}$$

式中 $\alpha \neq 0$，如果 $\alpha > 0$ 表示 $u$ 与 $v$ 是正相关的。$\alpha \to 0$ 表示 $u$ 和 $v$ 相互独立。$\alpha < 0$ 表示 $u$ 和 $v$ 是负相关的。若二维飞行参数极值变量间的相关结构可用 Frank Copula 模型描述，则意味着二维飞行参数极值变量之间有近似对称的上下尾部相关结构。

$$C(u,v) = (u^{-\alpha} + v^{-\alpha} - 1)^{-1/\alpha} \tag{7.39}$$

式中 $\alpha \in (0,\infty)$，当 $\alpha \to 0$ 时，$u$ 与 $v$ 趋于独立。$\alpha \to +\infty$ 表示 $u$ 与 $v$ 完全相关。Clayton Copula 的概率密度分布呈现上尾低下尾高的 L 形。Clayton Copula 模型与 Gumbel Copula 模型刚好相反，故其对下尾的变化十分敏感，对上尾的变化相对来说不敏感，难以准确描述上尾的相关变化。因此初步判断 Clayton Copula 并不适合文中具有厚尾特性的极值变量。

$$C(u,v) = \left\{1 + \left[(u^{-1}-1)^{\alpha} + (v^{-1}-1)^{\alpha}\right]^{1/\alpha}\right\}^{-1} \tag{7.40}$$

式中 $\alpha \geqslant 1$，当 $\alpha = 1$ 时，极值参数 $u$ 与 $v$ 相互独立；当 $\alpha \to +\infty$ 时，极值参数 $u$ 与 $v$ 完全相关，其密度分布与 Clayton Copula 类似，呈现上尾低下尾高的 L 形，但比 Clayton Copula 更多地反映了上尾的信息。

$$C(u,v) = 1 - \left[(1-u)^{\alpha} + (1-v)^{\alpha} - (1-u)^{\alpha}(1-v)^{\alpha}\right]^{1/\alpha} \tag{7.41}$$

式中 $\alpha \geqslant 1$，当 $\alpha = 1$ 时，极值参数 $u$ 与 $v$ 相互独立；当 $\alpha \to +\infty$ 时，极值参数 $u$ 与 $v$ 完全相关，其密度分布与 Gumbel Copula 类似。其对上尾的描述比 Gumbel Copula 更加强，但没有 Gumbel Copula 模型光滑，缺少对上尾之外其他部分的描述能力。

## 7.5　三维 Copula 模型的构建

设文中极值向量 $(\varphi_{max}, \Delta H_{max}, \alpha_{max})$ 的分布函数为 $F(\varphi_{max}, \Delta H_{max}, \alpha_{max})$，边缘分布函数为 $F_1(\varphi_{max})$，$F_2(\Delta H_{max})$ 和 $F_3(\alpha_{max})$，经验证，$F_1(\varphi_{max})$，$F_2(\Delta H_{max})$ 和 $F_3(\alpha_{max})$ 在比 95% 的置信水平低得多的情况下亦能通过分布形式为 GEV 的假设检验，故其符合极值理论中的 GEV 分布，故对于任意的 $(\varphi_{max}, \Delta H_{max}, \alpha_{max}) \in \mathbf{R}^d$，一定存在一个 Copula $C$，使得

$$C(F_1(\varphi_{max}), F_2(\Delta H_{max}), F_3(\alpha_{max})) = F(\varphi_{max}, \Delta H_{max}, \alpha_{max}) \tag{7.42}$$

文中基于非对称阿基米德 Copula 构建三维 Copula 模型，下式为 $m$ 维情形下的 Copula 结构：

$$\begin{aligned}
C(u_1, \cdots, u_m) &= C_1(u_m, C_2(u_{m-1}, \cdots, C_{m-1}(u_2, u_1))) = \\
&\varphi_1^{-1}(\varphi_1(u_m) + \varphi_1(\varphi_2^{-1}(\varphi_2(u_{m-1}) + \cdots + \\
&\varphi_{m-1}^{-1}(\varphi_{m-1}(u_2) + \varphi_{m-1}(u_1)))))
\end{aligned} \tag{7.43}$$

对于三维非对称阿基米德 Copula，式(7.43) 可以写成

$$C(u,v,w) = C_1(w, C_2(u,v)) = \varphi_1^{-1}(\varphi_1(w) + \varphi_1\varphi_2^{-1}(\varphi_2(u) + \varphi_2(v)))$$
(7.44)

式中　$\varphi(\cdot)$——为阿基米德 Copula 生成函数；

$u, v, w$——样本 $(\varphi_{max}, \Delta H_{max}, \alpha_{max})$ 的边缘分布，即 $u = F_1(\varphi_{max})$，$v = F_2(\Delta H_{max})$，$w = F_3(\alpha_{max})$。

对于文中的三维 Copula 模型，首先由 $u$ 和 $v$ 生成函数为 $\varphi_2$ 的 Copula $C_2$，而 $w$ 和 $C_2$ 连接形成具有生成函数为 $\varphi_1$ 的 Copula $C_1$。假定 $\theta_1$ 为 Copula $C_2$ 的参数，$\theta_2$ 为 Copula $C_1$ 的参数，首先，给出 $C_2(u,v;\theta_1)$ 和 $C_1(w,C_2;\theta_2)$ 的表达式，其次，根据式(7.44) 把 $C_2(u,v;\theta_1)$ 代入 $C_1(w,C_2;\theta_2)$，可以获得三维 Copula 的表达式。

文中的 $F_1(\varphi_{max})$，$F_2(\Delta H_{max})$ 和 $F_3(\alpha_{max})$ 都是连续分布函数，故 $C$ 是唯一的。由式(7.42) 定义的函数 $C$ 是一个边缘分布为 GEV 形式的三维联合分布函数。对于文中三维极值参数的 Copula 模型选择，首先根据常用的三维 Copula 来构建，其通用形式如公式(7.44) 所示。主要有 Gumbel Copula 模型(见式(7.45))、Frank Copula 模型(见式(7.46))、Clayton Copula 模型(见式(7.47))、GS Copula 模型(见式(7.48))、Joe Copula 模型(见式(7.49))。

$$C(u,v,w) = \exp\left(-\left\{(-\ln w)^{\theta_2} + \left[(-\ln u)^{\theta_1} + (-\ln v)^{\theta_1}\right]^{\frac{\theta_2}{\theta_1}}\right\}^{\frac{1}{\theta_2}}\right) \quad (7.45)$$

$$C(u,v,w) = -\frac{1}{\theta_2}\lg\left\{1 - (1-e^{-\theta_2})^{-1}(1-e^{-\theta_2 w}) \times\right.$$

$$\left.(1 - [1-(1-e^{-\theta_1})^{-1}(1-e^{-\theta_1 u})(1-e^{-\theta_1 v})]^{\frac{\theta_2}{\theta_1}})\right\} \quad (7.46)$$

$$C(u,v,w) = \left[w^{-\theta_2} + (u^{-\theta_1} + v^{-\theta_1} - 1)^{\frac{\theta_2}{\theta_1}} - 1\right]^{\frac{-1}{\theta_2}} \quad (7.47)$$

$$C(u,v,w) = \left\{1 + \left[\left(\frac{1}{w}-1\right)^{\theta_2} + \left(\left(\frac{1}{u}-1\right)^{\theta_1} + \left(\frac{1}{v}-1\right)^{\theta_1}\right)^{\frac{\theta_2}{\theta_1}}\right]^{\frac{1}{\theta_2}}\right\}^{-1}$$
(7.48)

$$C(u,v,w) = 1 - \left\{\left[(1-u)^{\theta_1}(1-(1-v)^{\theta_1}) + (1-v)^{\theta_1}\right]^{\frac{\theta_2}{\theta_1}} \times\right.$$

$$\left.(1-(1-w)^{\theta_2}) + (1-w)^{\theta_2}\right\}^{\frac{1}{\theta_2}} \quad (7.49)$$

### 7.5.1　提出三维极值变量的 FAWP Copula 模型

根据三维极值的分布可以初步判定对上尾变化敏感的 Copula 模型能较好地反映文中极值的分布情况。上文中的 Gumbel Copula 和 Joe Copula 均对上尾的变化较敏感，但其未知参数仅有两个，这使得在描述三维变量对相关性的各自影响程度时具有一定的局限性，故在 Gumbel 模型的基础上提出一种四参数变权重

Copula 模型(Four Adaptive Weight Parameters Copula - FAWP Copula),即

$$C(u,v,w) = uvw \exp\left[\left(\frac{\theta_1}{\ln u} + \frac{\theta_2}{\ln v}\right)^{-1}\right] \times$$

$$\exp\left[\left(\frac{\theta_3}{\ln w} + \frac{\theta_4}{\ln u + \ln v + \left(\frac{\theta_1}{\ln u} + \frac{\theta_2}{\ln v}\right)^{-1}}\right)^{-1}\right] \quad (7.50)$$

### 7.5.2 多维 Copula 模型中未知参数辨识步骤

根据提取的极值参数对上文中 Copula 模型的未知参数进行辨识,具体步骤如下:

(1)根据定义,Copula 的边缘分布函数即为一维极值的 GEV 分布函数,利用表 6.3 辨识出的参数 $\xi, \mu, \sigma$ 的结果,构建极值参数 $\varphi_{\max}, \Delta H_{\max}, \alpha_{\max}$ 的边缘累积概率如下:

$$F_1(\varphi_{\max}) = U_i(\varphi_{\max}^i; \xi, \mu, \sigma) =$$
$$\exp\left\{-\left(1 + 0.318\,0 \times \frac{\varphi_{\max}^i - 36.739\,9}{7.824\,0}\right)^{-1/0.318\,0}\right\} \quad (7.51)$$

$$F_2(\Delta H_{\max}) = V_i(\Delta H_{\max}^i; \xi, \mu, \sigma) =$$
$$\exp\left\{-\left(1 + 0.268\,9 \times \frac{\Delta H_{\max}^i - 19.657\,6}{10.306\,0}\right)^{-1/0.268\,9}\right\} \quad (7.52)$$

$$F_3(\alpha_{\max}) = W_i(\alpha_{\max}^i; \xi, \mu, \sigma) =$$
$$\exp\left\{-\left(1 + 0.251\,7 \times \frac{\alpha_{\max}^i - 4.989\,6}{0.913\,7}\right)^{-1/0.251\,7}\right\} \quad (7.53)$$

记 $U_i(\varphi_{\max}^i; \xi, \mu, \sigma)$ 为变量 $u_i$,$V_i(\Delta H_{\max}^i; \xi, \mu, \sigma)$ 为变量 $v_i$,$W_i(\alpha_{\max}^i; \xi, \mu, \sigma)$ 为变量 $w_i$。

(2)根据下式求出 Copula 的密度函数:

$$c(u_i, v_i, w_i; \theta_1, \theta_2, \theta_3, \theta_4) = \frac{\partial^3}{\partial u \partial v \partial w} C(u_i, v_i, w_i; \theta_1, \theta_2, \theta_3, \theta_4) \quad (7.54)$$

三维 Copula 极大似然函数中的密度函数推导过程如下:

$$\left.\begin{array}{l} \dfrac{\partial C}{\partial u} = \dfrac{\partial C_1}{\partial C_2} \dfrac{\partial C_2}{\partial u} \\[3mm] \dfrac{\partial^2 C}{\partial u \partial v} = \dfrac{\partial^2 C_1}{\partial^2 C_2} \dfrac{\partial C_2}{\partial u} \dfrac{\partial c_2}{\partial V} + \dfrac{\partial C_1}{\partial C_2} \dfrac{\partial^2 C_2}{\partial u \partial v} \\[3mm] \dfrac{\partial^2 C}{\partial u \partial v \partial w} = \dfrac{\partial^3 C_1}{\partial^2 C_2 \partial w} \dfrac{\partial C_2}{\partial u} \dfrac{\partial C_2}{\partial v} + \dfrac{\partial^2 C_1}{\partial C_2 \partial w} \dfrac{\partial^2 C_2}{\partial u \partial v} \end{array}\right\} \quad (7.55)$$

(3)根据变量 $u_i, v_i, w_i$ 的数值构建适用于文中的目标函数如下:

$$H(u_1, u_2, \cdots, u_n; v_1, v_2, \cdots, v_n; w_1, w_2, \cdots, w_n; \theta_1, \theta_2, \theta_3, \theta_4) =$$

$$\prod_{i=1}^{n} c(u_i, v_i, w_i; \theta_1, \theta_2, \theta_3, \theta_4) -$$

$$\sum_{i=1}^{n} \left( C(u_i, v_i, w_i; \theta_1, \theta_2, \theta_3, \theta_4) - \frac{A_i}{n+1} \right)^2 \tag{7.56}$$

$A_i$ 表示极值样本点在区间 $(u \leqslant u_i, v \leqslant v_i, w \leqslant w_i)$ 内的个数。

(4)利用 ARPSO 辨识出目标函数式(7.56)的未知参数见表7.1。

**表 7.1 Copula 模型的参数辨识表**

| Copula 模型 | 未知参数辨识结果 |
|---|---|
| Gumbel Copula | 2.407 9　　1.380 6 |
| Frank Copula | 6.760 0　　3.015 8 |
| Clayton Copula | 1.477 5　　0.591 4 |
| GS Copula | 1.554 6　　1.069 2 |
| Joe Copula | 3.191 9　　1.891 8 |
| FAWP Copula | $-0.939\ 4, -0.478\ 0, -1.883\ 4, -1.173\ 3$ |

### 7.5.3　拟合优度检验方法

根据表 7.1 中的辨识结果构建 $w=0.85$ 时六种三维概率密度图(见图7.4),以此更直观地观察 Copula 模型的密度函数特征。从图中亦可以看出 Gumbel Copula,Joe Copula,FAWP Copula 对三维极值参数的厚尾特性描述较好。对于文中涉及的 Copula 模型,分别应用 AIC(Akaike Information Criteria)准则、BIC(Bayesian Information Criteria)准则、$\chi^2$ 检验法、K-S 检验法评价其描述极值分布的准确程度,结果见表7.2。

**表 7.2　Copula 模型对极值参数的描述优度检验**

| Copula | AIC | BIC | $\chi^2$ | K-S | $P$ 值 |
|---|---|---|---|---|---|
| Gumbel | $-187.150\ 5$ | $-181.129\ 3$ | 0.458 7 | 0.093 9 | 0.315 3 |
| Frank | $-80.946\ 9$ | $-74.925\ 6$ | 0.558 4 | 0.205 1 | 0.078 4 |
| Clayton | $-61.321\ 9$ | $-55.300\ 6$ | 0.679 7 | 0.351 7 | 0.008 3 |
| GS | $-71.716\ 2$ | $-65.694\ 9$ | 0.692 6 | 0.279 6 | 0.015 9 |
| Joe | $-103.058\ 3$ | $-97.037\ 0$ | 1.642 4 | 0.102 8 | 0.289 1 |
| FAWP | $-192.362\ 3$ | $-180.319\ 7$ | 0.437 2 | 0.073 5 | 0.334 2 |

从表 7.2 中可以看出,Frank Copula,Gumbel Copula,Joe Copula,FAWP
Copula 的 $P$ 值大于显著性水平 0.01,0.02,0.05,即这四种 Copula 在 99%,98%,
95% 的置信水平下均能通过检验;而 Clayton Copula 甚至在 99% 的置信水平下亦
未能通过检验;Gumbel Copula,Joe Copula,FAWP Copula 在远小于 95% 的置信
水平下亦能通过检验,三种 Copula 的 AIC 值、BIC 值亦比较小,故完全可以接受
这三种 Copula 作为三维极值分布的描述模型;但同时 FAWP Copula 的 $P$ 值最
大,$\chi^2$ 和 K - S 值最小,说明其对极值参数相关结构的描述更为准确。

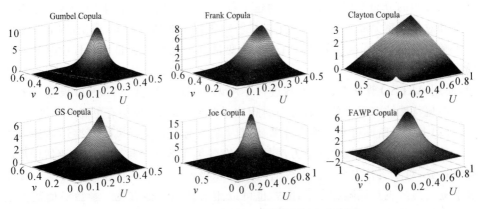

图 7.4  $w=0.85$ 时 Copula 模型的概率分布图

## 7.6  基于 FAWP Copula 模型求得飞行风险概率

最终,根据风险判定公式(5.10)及构建的 FAWP Copula 模型求出风险概率
如下:

$$
\left.\begin{aligned}
&P_r = 1 - C_{\text{FAWP}}(F_1(\phi_{\max}/85 > 1) \\
&F_2(\Delta \overline{H}_{\max} > 1) \\
&F_3(\alpha_{\max}/\alpha_c(\delta_f, Ma) > 1))
\end{aligned}\right\}
\tag{7.57}
$$

$C_{\text{FAWP}}$ 代表基于公式(7.50)的 FAWP Copula 模型。根据表 7.1 中辨识出的
FAWP Copula 未知参数求得在 5.5 节提到的仿真特定点上的飞行风险概率 $P_r$ 为
0.051 2。需注意的是,由于飞行事故的发生是一个多因素影响的不确定过程,不
可能将所有内外部随机因素考虑完全。飞行安全领域的权威规范性文件 SAE
ARP 4761 与 MIL STD 882E 中的事故率在很大程度上亦是一个参考值。因此,
文中得到的飞行风险量化概率值在多数状况下亦是一个参考值,与真实值必然有
一定的误差。但其在不同状况下飞行风险的横向对比分析、风险程度的归类划分
中具有积极的意义。如不同复杂气流条件下的飞行风险定量比较,不同恶劣环境

条件下或不同硬件故障条件下的风险大小对比,预定科目或任务的风险程度预测比较等。

# 7.7 本 章 小 结

(1)结合多元极值理论提出了一种量化评估飞行风险概率的新思路及新方法,并将其用到复杂气流场的风险概率量化评估中。基于多元 Copula 模型研究了多维极值样本的分布结构和相关性,构建了各个飞行参数极值样本的边缘概率分布模型和总体概率分布模型。研究了二维及二维以上极值 Copula 模型的构建方法。为了解决单参数 Copula 模型在描述多维变量对相关性的各自影响程度时具有的局限性,提出了三维的 FAWP Copula 模型。构建了二维及三维的待辨识目标函数,使用 ARPSO 算法对目标函数进行了辨识,验证了 FAWP Copula 模型在辨识具有厚尾特性的多维极值参数分布时相比于其他 Copula 模型有更高的精度。

(2)书中思路亦可对其他内外部环境因素影响下的飞行风险概率评估提供参考。其中的飞行风险概率评估方法是对现有各类飞行安全规范中风险评估理论的有效补充,对于飞行安全与适航性管理具有积极的作用。本章思路及方法不仅局限于复杂气流飞行风险的定量评估,也可以用来评估其他有飞行参数极值数据的情况,比如:危险科目下的试飞风险、复杂外部环境下的飞行风险、飞机软件或硬件故障下的飞行风险等等。

# 第8章
# 复杂气流飞行风险的可视化方法探索

## 8.1 引　言

本章基于上文中多元极值 Copula 分布对三维复杂气流场内所有点上的飞行风险概率进行定量迭代计算,以得到三维复杂气流场内的风险概率分布。详细分析在前机尾流发展的三个不同阶段,后机进入尾流场后的飞行风险概率的变化情况。利用二维及三维的风险概率拓扑图实现尾流遭遇情形下飞行风险的可视化。基于分布式仿真框架构建尾流遭遇情形下的视景仿真系统,并在此基础上将尾流风险概率图融合进飞行仿真视景,使得后机在确定前机的位置与型号信息后,可以在平视显示器(Head Up Display,HUD)上动态追踪飞行风险的大小,从而可以有效避免进入前机尾流场中的高风险区域。

## 8.2　可视化的风险概率结构流程构建方法

上文以尾流三维空间内的单个特定点为例阐述了求取尾流风险概率的方法。下面将利用上文中基于多元 Copula 模型的风险评估方法对整个尾流场三维空间进行飞行风险的量化概率计算,而后构建尾流不同发展阶段的风险概率结构图。

首先对不同发展阶段尾流场的空间结构进行网格化,每个网格节点对应一个数据采样点,并依据尾流场强度的大小对网格进行逐级加密。将这些采样点存入SQLSERVER 数据库,供服务器实时调用。经采样验证,尾流场内三维空间上所有的网格点上的飞行参数极值数据均可以用上文的多元极值 Copula 进行描述。据此可构建尾流不同发展阶段的风险概率结构图,其流程如图 8.1 所示。

本章涉及软件较多且编程复杂,需集成前文中的蒙特卡洛算法等内容。由于计算量较大,在对尾流三维空间中网格进行分块处理后采用 64 核服务器并行计算,服务器实物如图 5.5 所示,系统为 64 位 LINUX,服务器单核主频为 2.3 GHz,计算使用总内存为 128 GB。

按照尾流场的发展变化规律,下文将风险概率拓扑结构分为三个阶段进行分析。下文中 $XYZ$ 坐标的定义与第 2 章中坐标定义相同,单位为 m。前机与尾流场的初始参数见表 4.2,后机的主要机体参数见附录表 1。

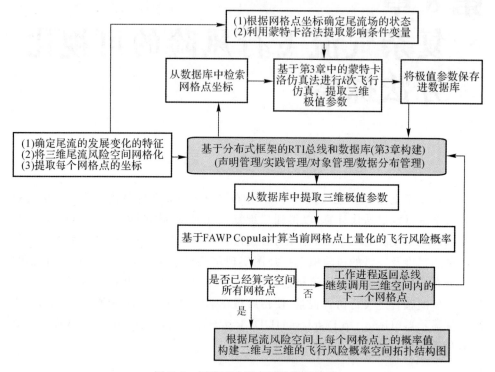

图 8.1  尾流风险概率结构图的构建

## 8.3  复杂气流可视化风险结构建模

### 8.3.1  尾流风险概率结构初始阶段

第一阶段为尾流风险概率结构的初始阶段。在此阶段,近距尾流场相对较为稳定。根据图 8.1 所示的步骤构建尾流风险概率拓扑结构图,如图 8.2 和图 8.3 (a)所示。X 轴为前机飞离的距离。由于所构建的尾流风险概率拓扑结构图属于原创内容,因此只能与类似工作进行定性对比分析。图 8.3(b)为 Gerz, Hahn, Holzäpfel, Schwarz 等人提出的尾流场内简化风险区间(Simplified Hazard Area, SHA)[122-123]示意图。尽管 SHA 与文中的二维风险结构图具有不同的构建条件,但仍然可以和文中风险结构图进行定性比较。从图 8.3(a)中可以看出,文中构建的二维风险概率结构图在形状上与图 8.3(b)中的 SHA 有一些相似之处。但是由于考虑了随机性和不确定性的影响,二维风险概率结构图呈现不规则且边缘粗糙的蝴蝶状,更加符合真实的情况。这与 SHA 规则、光滑且左右对称的形状有显著的区别。另外,SHA 是通过简单计算尾流诱导滚转力矩与最大可操纵滚转能力的比值来确定的。而文中的风险概率结构图则是基于定量的飞行风险概率构建的,尾流场中的每一个网格点都有其对应的概率值。这些定量的概率值对于尾流遭遇情形下的飞行风险评估与预测具有严格的统计学意义,可以对现有飞行安全准则中的飞行事故率评估方法提供有效的补充,这也是 SHA 所不具有的。

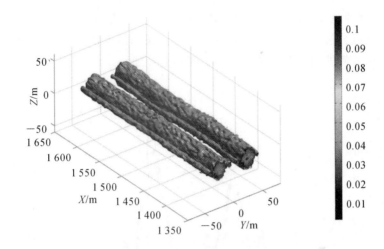

图 8.2 1 350 m≤X≤1 650 m 时的三维风险概率结构图

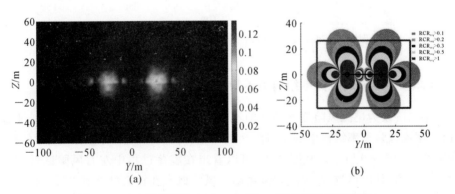

图 8.3 X 坐标范围为 1 350~1 650 m 时的风险概率结构

(a)X=1 500 m 时的二维风险概率结构图; (b) 文献[122]~[123]中提出的尾流简化风险区间

分析图 8.2 和图 8.3(a)可以看出,由于考虑随机性因素的影响,飞行风险区域呈不规则的并且边缘粗糙的蝴蝶状,在左右主风险区域的两侧各有一个较小的次级风险区域。当 1 350 m≤X≤1 650 m 时尾涡中心的飞行风险概率大于 13%,此为高度危险状态;图 8.3(a)所示主风险区域内的飞行风险发生概率均大于 2.

5%,此概率值远远高于SAE ARP - 4761 所规定的系统安全性水平中的 A 级灾难性和 B 级危险性失效状态。因此无论何种情况,都应避免进入图 8.3(a)中的浅蓝色区域。分析其拓扑结构亦可发现随着 X 轴的增加,飞行风险有逐渐减小的趋势。

图 8.4 所示为在 X 轴不同位置处的 YOZ 截面上沿着过风险核心区 Y 轴方向的飞行风险概率分布图。从图 8.4 中可以看出左右风险区域各有一个较大的波峰,在较大波峰的两侧有两个较小的波峰,这与主风险区域和次级风险区域的分布是对应的。继续分析图 8.4 可以看到右侧风险区域的最大值在 0.1~0.13 之间,左侧风险区域波峰处的最大值稍小,在 0.08~0.1 之间。

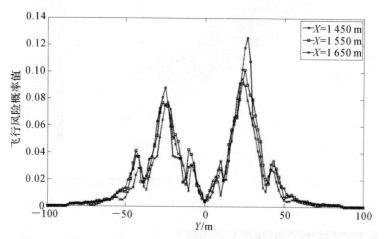

图 8.4 过风险核心区沿 Y 轴方向的飞行风险概率分布图

### 8.3.2 尾流风险概率结构的不稳定振荡阶段

第二阶段为尾流风险概率结构的不稳定振荡阶段。随着尾流出现长波不稳定现象,尾流风险概率结构中的主风险区域和左右次级风险区域呈现周期性的振荡,如图 8.5~图 8.9 所示。从图 8.10 可以看出在震荡过程中左右风险区域相互靠拢后又分离,其离得越近,风险程度越高。风险概率在核心处达到 8%~8.5%,相比第一阶段有所减小。

对比图 8.8 和图 8.9 可以看出随着 X 的进一步增大,尾流风险概率结构的振荡幅值亦随着变大。当 X = 11 800 m 左右时,幅值达到了 20 m 以上。当 11 700 m≤X≤12 000 m 时,主风险核心分化出较多的次级风险区域,在波谷处又重新融合为一个较大的主风险核心(见图 8.11(c))。随着尾涡向着融合的方向发展,尾流风险结构中的左右风险区域亦开始相互融合与链接,图 8.11 显示了在左右风险区域靠近的过程中,风险核心被显著拉长。

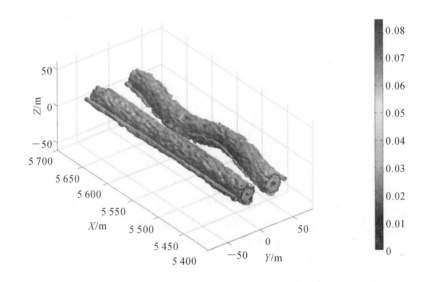

图 8.5  5 400 m≤X≤5 700 m 时的三维风险概率结构图

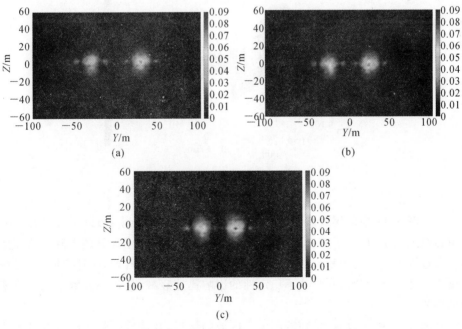

图 8.6  X 不同位置处的二维风险概率结构图

(a)X＝5 500 m；  (b)X＝5 550 m；  (c)X＝5 575 m

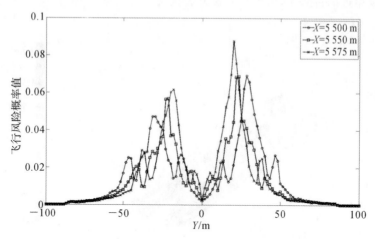

图 8.7　$X$ 范围为 5 400～5 700 m 时过风险核心区沿 $Y$ 轴
方向的飞行风险概率分布图

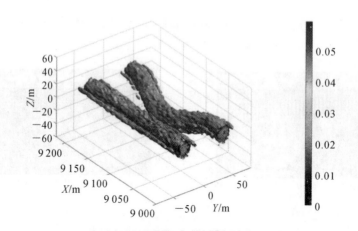

图 8.8　9 000 m ≤ $X$ ≤ 9 250 m 时的概率结构图

　　图 8.11 中的尾流风险区域的最大风险概率下降到 4％ 以下且风险核心的覆盖范围变小,相比于第一阶段大于 13％ 的风险概率有了显著的下降。这和尾涡发展过程中的长波不稳定性(Crow 不稳定性)刚好是吻合的,在这个阶段,尾涡强度受到外部环境和自身长波不稳定性的影响迅速衰减,从而亦导致了风险概率值的骤降。

　　从图 8.12 中可以看出,随着两风险区域的接近,其波峰处的风险概率最大值变大,但风险区域的范围变窄。在两风险区域最接近的位置处(图 8.12(a)中 $X=$

9 100 m 的曲线和图 8.12(b)中 $X=11\ 900$ m 的曲线),主风险核心两侧互相靠近的两个次级风险区域融合到主风险区域内,从而从风险结构上消失。但随着振荡过程的继续,主风险区域分离后又重新出现。

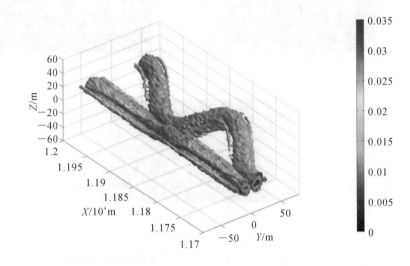

图 8.9 11 700 m≤$X$≤12 000 m 时的概率结构图

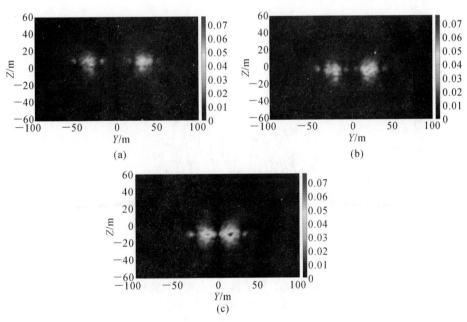

图 8.10 $X$ 不同位置处的二维风险概率结构图

(a)$X=9\ 030$ m; (b)$X=9\ 070$ m; (c)$X=9\ 100$ m

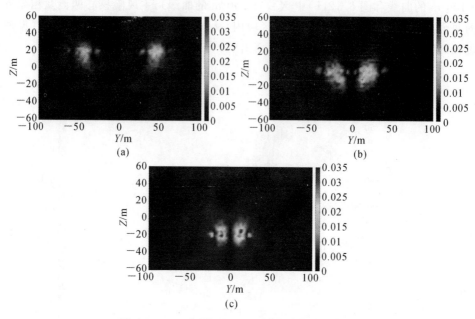

图 8.11  X 不同位置处的二维风险概率结构图

(a)X=11 800 m；  (b)X=11 850 m；  (c)X=11 900 m

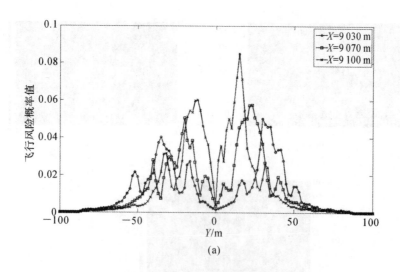

图 8.12  过风险核心区沿 Y 轴方向的飞行风险概率分布图

(a)X 范围为 9 000～9 250 m

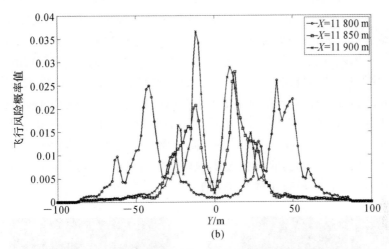

续图 8.12　过风险核心区沿 $Y$ 轴方向的飞行风险概率分布图

(b) $X$ 范围为 11 700～12 000 m

### 8.3.3　尾流风险概率结构的环形阶段

第三阶段为尾流风险概率结构的环形阶段。在尾流左右风险区域连接之后，风险概率结构开始呈现不规则的环形（见图 8.13），并分化出三个以上的次级风险区域，环绕在主风险区域周围，呈现脊椎状，三维风险拓扑环随着 $X$ 轴的增加越来越扁平且沿 $Y$ 轴被拉长。在风险概率结构环状结构形成后，风险概率减小的速率与第二阶段相比有所下降。

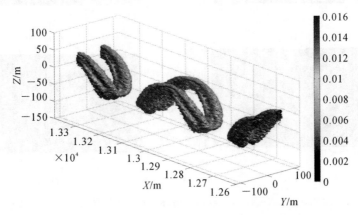

图 8.13　12 600 m≤$X$≤13 400 m 时的三维风险概率结构图

风险区域的形状和第一阶段与第二阶段相比进一步拉伸变长,核心区域进一步减小。从图 8.14(a)~(d)中可以看出,风险区域出现了上下分层的现象,随着二维风险结构沿 $Z$ 轴的递增,分化后的上风险区域逐渐变成了一个较小的次级风险区域存在于风险核心的上方。在 $X=12\,920$ m 附近(见图 8.14(f)),由于次级风险核心的影响区域和最大风险概率均变大,主风险核心的位置已较难判断。分析二维风险结构可以看出,风险概率最大值与风险核心的范围随着风险拓扑环上 $Z$ 轴的减小而增大,在风险环的沿 $X$ 轴方向的两端接近顶点处达到最大值,图 8.13中风险环内的最大值在 1.5% 以下。而在两个风险环交界的中间过渡区域,由于偏离尾流风险概率结构的影响范围,风险概率值极小,平均在 0.01% 以下,可认为风险环间的过渡区域是相对无风险的。

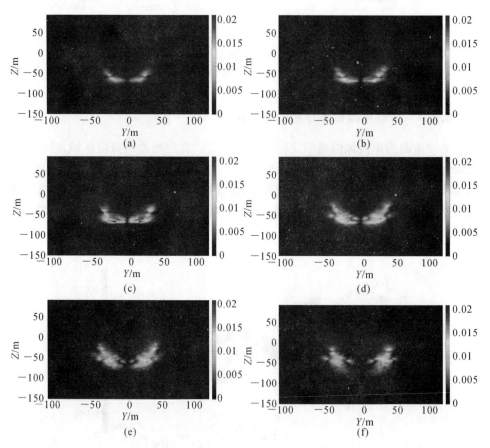

图 8.14  12 600 m≤$X$≤13 400 m 时风险环在轴上不同位置处的二维概率结构图
(a)$X=12\,850$ m;  (b) $X=12\,860$ m
(c)$X=12\,870$ m;  (d) $X=12\,880$ m;
(e)$X=12\,890$ m;  (f) $X=12\,920$ m

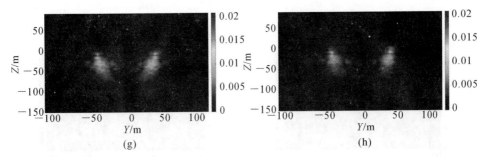

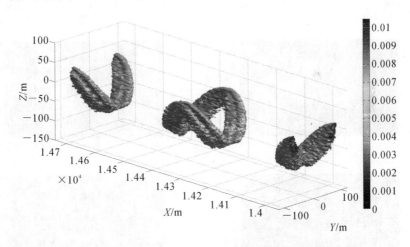

续图 8.14 12 600 m≤X≤13 400 m 时风险环在轴上不同位置处的二维概率结构图

(g)X=12 950 m; (h) X=13 000 m

在如图 8.15 所示的风险环内部,风险概率二维结构呈现长条状(见图 8.16),主风险区域与次级风险区域的划分开始模糊,拥有多个风险核心区域。并且在风险环沿 X 轴方向的中心位置附近存在较明显的上下分层趋势,风险概率最大值在 1%以下。风险拓扑环之间的过渡区域亦进一步增大。

图 8.15 13 900 m≤X≤14 800 m 时的三维风险概率结构图

在尾流风险结构发展的第三阶段后期(见图 8.17 和图 8.18),由于受到涡环拉伸作用的影响,在 X=15 730 m(见图 8.18(e))和 X=15 750 m(见图 8.18(f))的位置,左右条状风险拓扑带开始互相耦合链接,其上下分层现象更加明显。主风险核心区域同时与次级风险核心区域均沿 Y 轴方向被显著拉长,其风险覆盖范围亦相对减小。环状结构内的风险概率最大值在 0.4%以下,且核心风险区域较小,后机进入此风险区域可以被认为是安全的,但仍应当在操纵余度充裕的情况下尽量避免进入该区域。

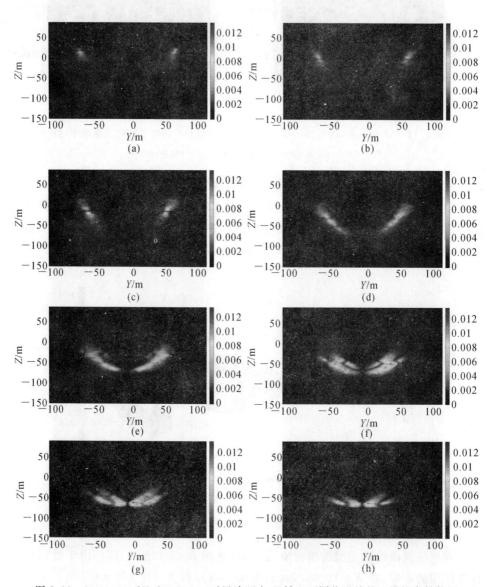

图 8.16　13 900 m≤$X$≤14 800 m 时风险环在 $X$ 轴上不同位置处的二维概率结构图

(a)$X$=14 350 m；　(b)$X$=14 360 m；

(c)$X$=14 370 m；　(d)$X$=14 380 m；

(e)$X$=14 390 m；　(f)$X$=14 400 m；

(g)$X$=14 410 m；　(h)$X$=14 420 m

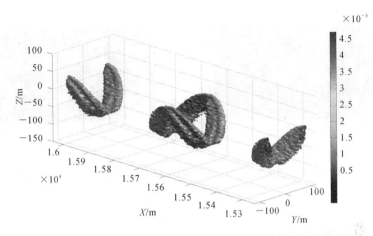

图 8.17　15 300 m≤X≤16 100 m 时的三维风险概率结构图

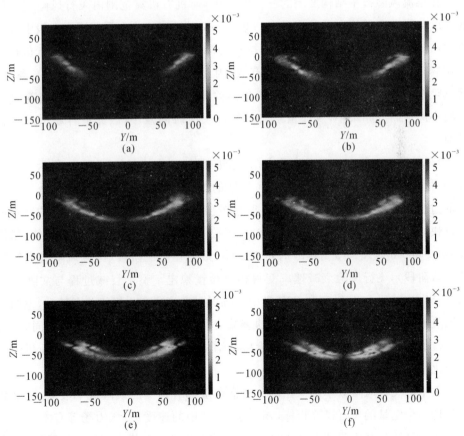

图 8.18　15 300≤X≤16 100 时风险环在 X 轴上不同位置处的二维概率结构图

(a)X=15 680 m;　(b)X=15 700 m;　(c)X=15 710 m;

(d)X=15 720 m;　(e)X=15 730 m;　(f)X=15 750 m

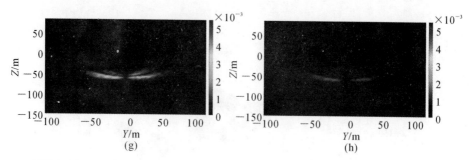

续图 8.18　15 300≤$X$≤16 100 时风险环在 $X$ 轴上不同位置处的二维概率结构图

(g)$X$=15 760 m；　(h)$X$=15 770 m

### 8.3.4　三阶段对比分析

在尾流风险概率结构发展的三个阶段中,前机右机翼范围内飞行风险概率值的强度与覆盖区域比左翼的略微大一些。分析其原因应为左翼范围内一般引起飞机的右滚转效应,而向左压杆比向右拉杆更符合飞行员的操纵习惯,故飞行员在前机左翼范围内的补偿操纵更为灵敏有效,因此左翼范围内的飞行风险较右翼小。而风险核心区下方的风险范围比上方的风险范围普遍大一些,这是由于随着 $Z$ 轴的减小离地高度亦减小,从而留给飞行员的反应时间减小,因此更容易引发飞行风险。

$YOZ$ 截面上最大飞行风险概率在三个阶段的变化情况如图 8.19 所示。从图 8.19 中可以看出,随着前机尾流间距 $X$ 轴的增加,飞行风险的衰减并不是一个线性的过程。衰减速率在 $X$≤1 800 m 时比较慢,1 800 m≤$X$≤5 500 m 时的衰减速率较快,在 5 500 m≤$X$≤11 800 m 时速率放缓,但仍比 $X$≤1 800 m 时要快,紧接着在 11 800 m≤$X$≤13 200 m 时再次变快,最终在第三阶段(尾流风险概率结构的环状阶段),飞行风险衰减速率变得相对缓慢稳定。整个衰减过程与文献[49][52][53]中基于 D2P 模型和 P2P 模型的尾涡强度衰减变化规律差别较大,说明飞行风险的衰减变化情况和尾涡强度的衰减变化情况并不是线性相关的。同时,飞行风险的衰减变化亦没有与尾流风险概率结构的三个阶段相对应,为一种新的衰减变化情况。

文中的飞行风险概率结构在每个网格点上都有预测的风险概率数据,每个数据都是一个定量的飞行风险指标,相比于 CFD 中的速度场、压力场等有本质的不同。文中算法是基于蒙特卡洛法与 Copula 多元极值分布模型,是对飞行风险概率的深入理解和对飞行风险的精确数学解释与预测;CFD 通常是在每个网格上求解

N-S方程来得到空间的流场参数,整个网格的计算是连续的;文中则是将每个网格点看作风险空间上的一个计算点,网格的计算过程是离散的,但其计算量亦较大,首先是因为网格覆盖范围较广,再次是由于在单个网格点上要进行3 000次的基于蒙特卡洛法的飞行仿真计算,而后又需在构建数据库和检索规则的基础上分析并提取飞行参数数据,从而进行下一步极值分布的计算,因此计算量在理论上高于CFD中的定常计算,低于非定常计算中的直接数值模拟。

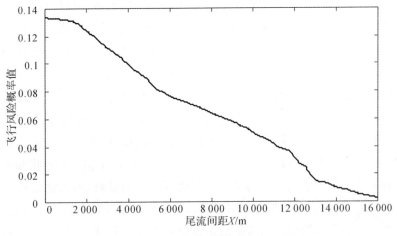

图8.19 最大飞行风险概率的变化情况

## 8.4 复杂气流飞行风险指示引导技术探索

根据上文中构建的尾流风险概率结构图,利用分布式仿真中的视景单元,探讨复杂气流飞行风险的指示引导技术。目前,HUD(Head Up Display)技术以其对飞行参数直观形象的显示效果以及方便的观察视角得到广泛应用。以往,HUD主要安装在战斗机内,飞行员不需低头即可精确观察飞机的运动状况。但随着新一代综合显示技术的发展,HUD越来越多地应用到民用航空器上,波音公司最新的波音787即采用了HUD技术。因此,可以将复杂气流飞行风险概率的二维结构图显示到视景仿真中的HUD屏幕上,以此对尾流风险指示引导技术进行探讨。首先,需对分布式仿真中视景单元的大地景进行构建。

### 8.4.1 三维大地景的构建方法研究

三维大地景为复杂气流条件下的飞行仿真提供虚拟视景。大地景采用图片纹理和高程相结合进行生成,对于起飞着陆区域进行了精细建模。在机场附近建立较精细的地景模型,包括三维的塔台、地标、跑道、停机坪、机库、树木、建筑物和河流等模型,而在其他地区采用高精度纹理图片来模拟不同区域的大地景地貌特征。系统地景库为我国沿海某地东西 500 km、南北 500 km 范围;整个飞行场景区域纹理精度 5 m,高程精度为 15 m;精细地面目标包括塔台、跑道和建筑等。机场起飞着陆区域为 15 km×15 km,纹理精度为 1 m。文中大地景建模流程如图 8.20 所示,首先进行大地景规划,把 DEM(Digital Elevation Model)高程数据(见图8.21 (a))分割,并转换为 DED(Digital Elevation Data)大地景文件格式。然后将大地景数据转换为可视化领域标准的 Open Flight(. flt)格式,贴上地表纹理和添加景物特征,再进行测试、拼接。

根据实时仿真过程中对不同的地形区域关注程度不同,按照地形起伏程度的实际情况,基于双三次 B 样条插值地形重构算法设计了变分辨率的地形数据模型。根据重点关注地区实际需要选择不同分辨率的纹理,对大地景在仿真过程中进行动态的调用与重构,可有效地降低计算机负荷,提高了渲染的速度和系统运行效率。为了描绘从低空到高空的整个飞行范围的大地景特征,大地景模型设置了多个层次的 LOD。最高一级的 LOD 模型,一般应用于飞机起降飞行阶段,采用数量较多的三角形数目描绘比较精确的地面地势和地物特征,选用分辨率高的纹理图片;较高一级的 LOD 模型,一般应用于飞机从低空到中高空的飞行过程,采用数量较多的三角形数目描绘地面精度较高的起伏地势特征,选用分辨率较高的纹理图片;低一级的 LOD 模型则相应减少大地景模型的三角形数目和纹理图片的分辨率,主要用于表现飞机在中高空以上飞行时的地面状况。

在三维大地景的构建中,纹理贴图是实现场景真实感的一个极为重要的途径,因此在大地景建模中可构建地形的纹理以增加真实感。大地景纹理是指包含大地景坐标信息的特殊纹理,常见的大地景纹理有卫星图片和航空图片。首先对卫星图片和航空图片进行色彩、对比度矫正,然后处理成对应于每个地块的 rgb 格式图片,再将它们加载到纹理调板,并定义为大地景纹理。设置纹理图片的纹理坐标和地图投影方式,使得纹理坐标对应于大地景模型的面积范围和坐标位置,地图投影方式和对应大地景模型的设置一致。然后为对应的 LOD 地块模型映射纹理。最后,对场景进行着色处理,以增强其真实感。最终构建的三维飞行视景如图 8.21(b)所示。所构建的三维大地景可直观地表现复杂气流条件下的飞行视景。

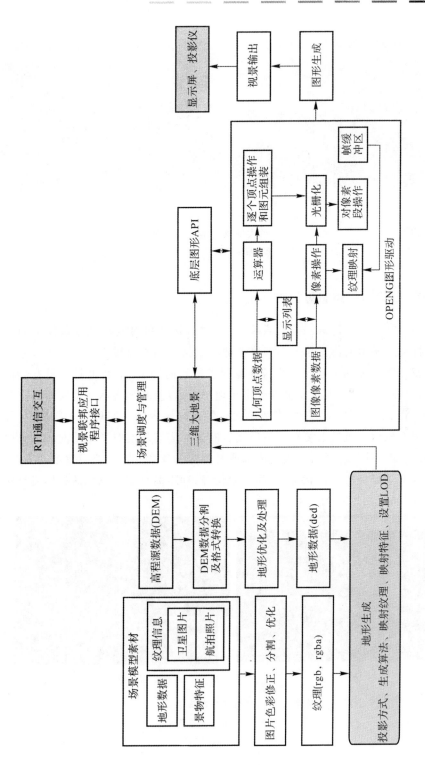

图 8.20 大地景的建模流程图

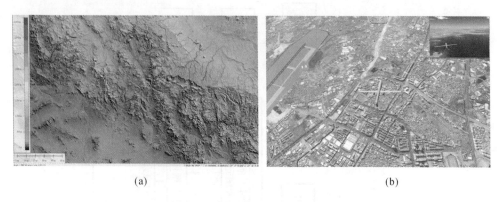

(a)  (b)

图 8.21　三维大地景的结构效果图

(a)15 m 精度高程图；　(b)三维飞行视景

## 8.4.2　二维与三维态势仿真单元

根据第 3 章分布式仿真系统的联邦成员结构,构建可对复杂气流条件下的飞行态势进行动态显示的仿真单元。二维态势单元接受仿真总线飞行参数类中的飞机位置和姿态信息对真实情况下的二维地图进行实时刷新,不断更新显示态势信息,并勾画出飞机的飞行航迹。借助于电子地图,可以直观地显示运动实体的位置和方位,如图 8.22(a)所示。三维态势单元对仿真区域内的真实环境进行模拟,并在三维地图上显示飞机遭遇复杂气流后飞行航迹和姿态的实时变化情况。态势单元能够快速切换不同视点,可在飞机内部或者外部的任意一个位置设置活动视点,近距离可查看某部件的工作状态、舵面的变化等,远距离可观测飞机的整体飞行轨迹和姿态等,如图 8.22(b)所示。

(a)  (b)

图 8.22　二维与三维态势单元

(a)二维态势；　(b)三维态势

### 8.4.3  虚拟仪表仿真单元

虚拟仪表仿真单元主要表现座舱内三维空间的布局、座舱面板中的各种仪表，及多功能显示部件等部分。虚拟仪表联邦从仿真总线接收仿真计算的数据，转发给各个虚拟仪表，驱动仪表参数的变化，从而更加直观形象地观察飞机的姿态、位置等参数的变化。虚拟仪表的效果如图8.23所示。

图 8.23  虚拟仪表仿真单元效果图

### 8.4.4  基于 HUD 动态标示复杂气流风险区域

在尾流遭遇的过程中，首先按照上文中多元 Copula 模型计算三维尾流场内的飞行风险概率分布；然后，后机根据前机型号和前机位置，结合遭遇时的外部环境，利用 HUD 动态显示二维的尾流风险概率结构图。以此引导飞机规避可能的尾流风险。风险指示引导系统的构建流程如图8.24所示。

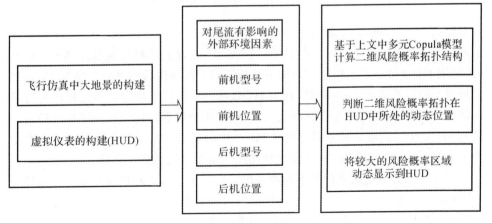

图 8.24  基于 HUD 的风险指示引导系统构建流程

图 8.25～图 8.27 所示为基于 HUD 的风险指示技术效果图。其中,前机、后机的型号与参数与上文中相同,使用的二维尾流风险概率结构图亦为本章 8.2 和 8.3 节所构建。

(a)

(b)                 (c)

图 8.25　与前机距离 1 000 m 情形下尾流风险指示引导系统效果图

(a)与前机距离 1 000 m 情形下遭遇尾流的视景图; (b)未开尾流风险指示引导系统的 HUD 显示;
(c)打开尾流风险指示引导系统后的 HUD 显示

以上各图中,图 8.25 表现了后机与前机距离 1 000 m 时,利用 HUD 动态显示尾流风险概率结构初始阶段的情形。图 8.26 表现了后机与前机距离 9 000 m 时,利用 HUD 动态显示尾流风险概率结构不稳定振荡阶段的情形。图 8.27 表现了后机与前机距离 15 000 m 时,利用 HUD 动态显示尾流风险概率结构环形阶段的情形。从图 8.25(c)、图 8.26(c)、图 8.27(c)中可以看出尾流风险区域已动态标注到 HUD 中。驾驶员可根据飞机在 HUD 中的显示位置采取合适的规避策略避免进入高风险的尾流区域内,从而实现尾流风险的可视化指示引导。

本节利用分布式仿真框架下的视景单元构建了飞行仿真视景与基于虚拟仪表单元的 HUD 信息显示系统,对尾流风险的可视化指示引导技术利用上文所构建的尾流风险概率结构进行了初步探索,但其在真实环境下的工程应用效果有待进一步检验。

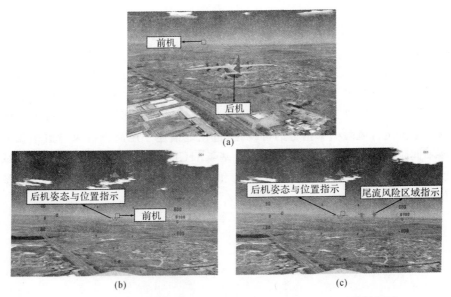

图 8.26　与前机距离 9 000 m 情形下尾流风险指示引导系统效果图

(a)与前机距离 9 000 m 情形下遭遇尾流的视景图；　(b)未开尾流风险指示引导系统的 HUD 显示；

(c)打开尾流风险指示引导系统后的 HUD 显示

图 8.27　与前机距离 15 000 m 情形下尾流风险指示引导系统效果图

(a)与前机距离 15 000 m 情形下遭遇尾流的视景图；　(b)未开尾流风险指示引导系统的 HUD 显示；

(c)打开尾流风险指示引导系统后的 HUD 显示

# 8.5 本 章 小 结

　　基于分布式仿真系统利用多元极值 Copula 模型对三维复杂气流场空间内的所有网格节点进行了飞行风险概率计算。根据计算结果构建了初始阶段、不稳定振荡阶段和环形阶段三种不同的二维及三维尾流风险概率结构图,完成了三维空间内的尾流飞行风险概率指标的可视化,量化地描述了尾流飞行风险概率在尾流发展不同阶段的动态变化情况。探索了基于 HUD 的可视化复杂气流风险区域指示引导技术,其对于复杂气流风险预警和规避控制技术的研究具有一定的参考价值。

# 附　录

### 表 1　飞机主要几何参数

| 几何参数 | 取值 | 单位 |
|---|---|---|
| 机翼面积 | 110.5 | $m^2$ |
| 翼展 | 32.5 | m |
| 空机质量 | 39 000 | kg |
| 平尾力臂（相对机身 25 框） | 15.1 | m |
| 垂尾力臂（相对机身 25 框） | 15.3 | m |
| 垂尾展长 | 5.6 | m |
| 垂尾面积 | 19.2 | $m^2$ |
| 方向舵面积 | 9.6 | $m^2$ |
| 平尾展长 | 10.5 | m |
| 平尾面积 | 22.1 | $m^2$ |
| 升降舵面积（两个） | 6.3 | $m^2$ |
| 平尾端板面积（两个） | 3.5 | $m^2$ |

### 表 2　符号说明

| 符号 | 定义 | 单位 |
|---|---|---|
| $L_g - O_g x_g y_g z_g$ | 地面（静）坐标系 | |
| $L_b - O_b x_b y_b z_b$ | 机体（动）坐标系 | |
| $L_a - O_a x_a y_a z_a$ | 气流（风轴）坐标系 | |
| $L_s - O_s x_s y_s z_s$ | 稳定坐标系 | |
| $L_k - O_k x_k y_k z_k$ | 航迹坐标系 | |
| $V(V_a, V_t), V_0$ | 空速,配平速度 | m/s |
| $V_g(V_k), V_w$ | 地速,风速 | m/s |

续 表

| 符号 | 定义 | 单位 |
|------|------|------|
| $V_{bs}, V_z, V_{ld}$ | 表速,垂直上升速度和离地速度 | m/s |
| $V_{tmax}, V_{Rmax}$ | 久航速度,远航速度 | m/s |
| $a$ | 声速 | m/s |
| $Ma$ | 马赫数 | |
| $\rho$ | 空气密度 | kg/m³ |
| $\nu$ | 气体压缩性系数 | |
| $\mu$ | 相对密度 | |
| $\bar{q} = \dfrac{1}{2}\rho V^2$ | 动压 | |
| $S, S_w$ | 机翼参考面积,机翼面积 | m² |
| $b$ | 机翼展长 | m |
| $c$ | 机翼弦长 | m |
| $\bar{c}, c_A, C_{Aw}$ | 机翼平均气动弦长 | m |
| $\lambda$ | 展弦比 $\lambda = b/c$ | m |
| $\sigma$ | 机翼剖面厚度 | m |
| $\eta$ | 机翼最大弯度 | m |
| $\Lambda$ | 后掠角 | ° |
| $\Gamma$ | 上反角 | ° |
| $m$ | 飞机质量 | kg |
| $g$ | 重力加速度 | m/s² |
| $G$ | 飞机重力 | N |
| $x_{cg}, h(h_{cg})$ | 飞机重心到平均几何弦前缘点距离与相对距离 | m |
| $x_{ac}, h_{nw}$ | 机翼气动焦点到平均几何弦前缘点距离与相对距离 | m |
| $S_t$ | 平尾面积 | m² |
| $V_H$ | 尾容 | |
| $S_m = (x_{ac} - x_{cg})/\bar{c} = \bar{x}_{ac} - \bar{x}_{cg}$ | 纵向静稳定度 | |
| $\theta$ | 俯仰角 | (°),rad |

续 表

| 符号 | 定义 | 单位 |
|---|---|---|
| $\psi$ | 偏航角 | (°),rad |
| $\varphi$ | 滚转角 | (°),rad |
| $\gamma$ | 航迹倾角 | (°),rad |
| $\chi$ | 航迹方位角 | (°),rad |
| $\mu(\varphi_a)$ | 航迹滚转角 | (°),rad |
| $\alpha$ | 迎角(攻角) | (°),rad |
| $\beta$ | 侧滑角 | (°),rad |
| $\varepsilon$ | 下洗角 | (°),rad |
| $p,q,r$ | 滚转、俯仰及偏航角速度 | rad/s |
| $\bar{p},\bar{q},\bar{r}$ | 无因次滚转、俯仰及偏航角速度 | |
| $u,v,w$ | $V$ 在机体坐标系下的分量 | m/s |
| $\sum F$ | 飞机受到的总合力 | N |
| $\sum M$ | 飞机受到的总合力矩 | N·m |
| $F_x,F_y,F_z$ | 力 $F$ 在动坐标系上的分量 | N |
| $L,D,Y,T$ | 升力、阻力、侧力、推力 | N |
| $C_L,C_D,C_Y,C_T$ | 升力系数、阻力系数、侧力系数、推力系数 | |
| $C_{L\alpha}(a)$ | 升力线斜率 | |
| $C_{L0}$ | 迎角为零时升力系数 | |
| $C_{D0}$ | 零升阻力系数 | |
| $C_{Di}$ | 升致阻力系数 | |
| $C_{D\alpha}=\dfrac{\partial C_D}{\partial \alpha}$ | 阻力系数对迎角的偏导数 | |
| $C_{Lu}=V\left(\dfrac{\partial C_L}{\partial V}\right)$ | 升力系数对速度的偏导数 | |
| $C_{Du}=V\left(\dfrac{\partial C_D}{\partial V}\right)$ | 阻力系数对速度的偏导数 | |
| $C_{mu}=V\left(\dfrac{\partial C_m}{\partial V}\right)$ | 俯仰力矩系数对速度的偏导数 | |
| $(C_L)_0,(C_D)_0,(C_m)_0$ | 基准运动下升力系数、阻力系数及俯仰力矩系数 | |
| $C_{y\beta}$ | 侧力导数 | |

续 表

| 符号 | 定义 | 单位 |
|---|---|---|
| $C_{y\delta_r}$ | 方向舵侧力导数 | |
| $C_{yp}$ | 滚转角速度侧力导数 | |
| $C_{yr}$ | 偏航角速度侧力导数 | |
| $C_l, C_m, C_n$ | 滚转、俯仰、偏航力矩系数 | |
| $\delta_e, \delta_a, \delta_r$ | 升降舵、副翼、方向舵转角 | |
| $F_e, F_a, F_r$ | 驾驶杆的推拉杆力、压杆杆力及脚蹬力 | |
| $d_e, d_a, d_r$ | 驾驶杆的推拉位移、左右压杆位移及脚蹬位移 | |
| $\delta_p$ | 油门杆操纵量 | |
| $i_t$ | 平尾偏转角 | $(°)$, rad |
| $k_q, k$ | 平尾速度阻滞系数 | |
| $C_{m0}, C_{m0,w}$ | 飞机、机翼零升力矩系数 | |
| $C_{mw}$ | 机翼力矩系数 | |
| $C_{mt}, C_{mt,wb}$ | 平尾力矩系数及翼身力矩系数 | |
| $C_{ma}$ | 纵向静稳定导数 | |
| $C_{m\delta_e}$ | 升降舵操纵导数 | |
| $C_{l\beta}$ | 横向静稳定导数 | |
| $C_{n\beta}$ | 航向静稳定导数 | |
| $C_{l\delta_a}$ | 滚转操纵导数 | |
| $C_{l\delta_r}$ | 方向舵操纵交叉导数 | |
| $C_{lp}$ | 滚转阻尼导数 | |
| $C_{lr}$ | 交叉动导数 | |
| $C_{n\delta_a}$ | 副翼操纵交叉导数 | |
| $C_{n\delta_r}$ | 航向操纵导数 | |
| $C_{np}$ | 交叉动导数 | |
| $C_{nr}$ | 航向阻尼导数 | |
| $C_{Y\beta}$ | 侧力导数 | |
| $C_{Y\delta_r}$ | 方向舵侧力导数 | |

续 表

| 符号 | 定义 | 单位 |
|---|---|---|
| $C_{Yp}$ | 滚转角速度侧力导数 | |
| $C_{Yr}$ | 偏航角速度侧力导数 | |
| $C_{he}$ | 铰链力矩系数 | |
| $T,\Delta T$ | 发动机推力,剩余推力 | N |
| $T_{ky},T_{px}$ | 可用推力,平飞所需推力 | N |
| $q_{km}$ | 千米耗油量 | kg/km |
| $q_{Nh}$ | 发动机耗油率 | $kg/(N \cdot h^{-1})$ |
| $q_{h}$ | 小时耗油量 | kg/h |
| $x_T,y_T,z_T$ | 发动机推力作用点在机体坐标系的位置 | m |
| $\varphi_T$ | 发动机纵向安装偏角 | (°) |
| $I_x,I_y,I_z,I_{xy},I_{zy},I_{xz}$ | 飞机转动惯量和惯性积 | $kg \cdot m^2$ |
| $\Delta$ | 特征多项式 | |
| $\lambda$ | 特征根 | |
| $\zeta_{sp},\zeta_{ph}$ | 短周期、长周期运动阻尼比 | |
| $\omega_{nsp},\omega_{nph}$ | 短周期、长周期运动固有频率 | rad/s |
| $T_{sp},T_{ph}$ | 短周期、长周期运动周期 | s |
| $\tau_R$ | 滚转衰减模态时间常数 | s |
| $\tau_S$ | 螺旋模态时间常数 | s |
| $\omega_{nDR}(\omega_{nD})$ | 荷兰滚模态固有频率 | rad/s |
| $\zeta_{DR}(\zeta_D)$ | 荷兰滚模态阻尼比 | |
| $n_z,n_y$ | 法向过载,侧向过载 | |
| $s$ | 拉氏变换算子 | |

# 参 考 文 献

[1]  SAE ARP 4761. Guidelines and Methods for Conducting the Safety Assessment Process on Civil Airborne Systems and Equipment [S]. Warrendale, PA, 1996.

[2]  SAE ARP 4754A. Certification Considerations for High – Integrated or Complex Aircraft Systems[S]. Warrendale, PA, 2010.

[3]  MIL – HDBK – 516B. Department of Defense Handbook: Airworthiness Certification Criteria[S]. US Department of Defense, 2005.

[4]  MIL – STD – 882E. Standard Practice for System Safety [S]. US Department of Defense, 2012.

[5]  Moscardini C, Berizzi F, Martorella M, et al. Signal Spectral Modeling for Airborne Radar in the Presence of Windshear Phenomena[J]. IET Radar Sonar Navigation, 2011,5(7):796 – 805.

[6]  Wiggins M W. Differences in Situation Assessments and Prospective Diagnoses of Simulated Weather Radar Returns Amongst Experienced Pilots[J]. International Journal of Industrial Ergonomics, 2014,44(1):18 – 23.

[7]  MIL – STD – 1797B. Flying Qualities of Piloted Aircraft [S]. US Department of Defense, 2012,673 – 695.

[8]  Mason M S, Fletcher D F, Wood G S. Numerical Simulation of Idealised Three – dimensional Downburst Wind Fields[J]. Engineering Structures, 2010,32(11):3558 – 3570.

[9]  Lin L L, Yan F. Nested DE Based Parameter Estimation for Multiple Vortex Ring Microburst Model[J]. Measurement, 2013, 46(3): 1231 – 1236.

[10]  Ahmad N, Proctor F H, Fanny M. Review of Idealized Aircraft Wake Vortex Models[R]. AIAA – 2014 – 0927, 2014.

[11]  Stephan A, Holzäpfel F, Misaka T. Aircraft Wake – Vortex Decay in Ground Proximity – Physical Mechanisms and Artificial Enhancement[J].

Journal of Aircraft, 2013, 50(4):1250 - 1260.

[12] Pourtakdoust S H, Kiani M, Hassanpour A. Optimal Trajectory Planning for Flight Through Microburst Wind Shears [J]. Aerospace Science and Technology, 2011,15:567 - 576.

[13] Richardson J R, Atkins E M, Kabamba P T, et al. Envelopes for Flight Through Stochastic Gusts [J]. Journal of Guidance, Control and Dynamics, 2013,36(5):1464 - 1476.

[14] Richardson J R. Quantifying and Scaling Airplane Performance in Turbulence[D]. Ann Arbor: University of Michigan, 2013.

[15] Hoseini H S, Fazelzadeh S A, Rasti A, et al. Final Approach and Flare Control of a Flexible Aircraft in Crosswind Landings [J]. Journal of Guidance, Control and Dynamics, 2013, 36(4):946 - 957.

[16] Hemati M S, Eldredge J D, Speyer J L. Wake Sensing for Aircraft Formation Flight[J]. Journal of Guidance, Control and Dynamics, 2014, 37(2):513 - 524.

[17] Richardson J R, Kabamba P T, Atkins E M, et al. Safety Margins for Flight Through Stochastic Gusts[J]. Journal of Guidance, Control and Dynamics, 2014, 37(6):2026 - 2030.

[18] Funabiki K, Iijima T, Nojima T. Method of Trajectory Generation for Perspective Flight - Path Display in Estimated Wind Condition [J]. Journal of Aerospace Information Systems, 2013,10(5):240 - 249.

[19] Connor P, Dea A, Kennedy Q, et al. Measuring Safety Climate in Aviation: A Review and Recommendations for the Future[J]. Safety Science, 2011,49(2):128 - 138.

[20] Kwatny H G, Dongmo J E T, Chang B C, et al. Nonlinear Analysis of Aircraft Loss of Control[J]. Journal of Guidance, Control and Dynamics, 2012,36(1):149 - 162.

[21] David R H, Martinussen M, Wiggins, M, et al. Situational and Personal Characteristics Associated with Adverse Weather Encounters by Pilots [J]. Accident Analysis and Prevention, 2011,43(1):176 - 186.

[22] Netjasov F, Janic M. A Review of Research on Risk and Safety Modelling in civil Aviation[J]. Journal of Air Transport Management, 2008,14(4): 213 - 220.

[23] Xu Haojun, Liu Dongliang, Xue Yuan, et al. Airworthiness Compliance Verification Method Based on Simulation of Complex System[J]. Chinese

Journal of Aeronautics, 2012,25(5):681-690.

[24] 刘东亮,徐浩军,张久星. 多因素耦合复杂飞行情形动力学仿真与风险评估[J]. 航空学报,2013,34(3):509-516.

[25] Mohaghegh Z, Kazemi R, Mosleh A. Incorporating Organizational Factors into Probabilistic Risk Assessment (PRA) of Complex Socio-technical Systems: A Hybrid Technique Formalization[J]. Reliability Engineering and System Safety, 2009,94(5):1000-1018.

[26] Brooker P. Experts, Bayesian Belief Networks, Rare Events and Aviation Risk Estimates[J]. Safety Science, 2011,49(8):1142-1155.

[27] Wang W H, Jiang X B, Xia S C. Incident Tree Model and Incident Tree Analysis Method for Quantified Risk Assessment: An in-depth Accident Study in Traffic Operation [J]. Safety Science, 2010,48(10): 1248-1262.

[28] Matthews B, Das S, Bhaduri K, et al. Discovering Anomalous Aviation Safety Events Using Scalable Data Mining Algorithms[J]. Journal of Aerospace Information Systems, 2013,10(10):467-475.

[29] Ocampo J, Millwater H, Singh G, et al. Development of a Probabilistic Linear Damage Methodology for Small Aircraft[J]. Journal of Aircraft, 2011,48(6): 2090-2106.

[30] Cortina M, Ocampo J, Millwater H. Sensitivity Analysis for General Aviation Risk Assessment[R]. AIAA 2012-1857, 2012.

[31] Balachandran S, Atkins E M. A Constrained Markov Decision Process Framework for Flight Safety Assessment and Management[R]. AIAA 2015-0115, 2015.

[32] 刘晓东,何元清,Dcboeach Fels. 基于 FDR 的飞行安全定量评价模型 FRAM-FD[J]. 电子科技大学学报, 2006, 35(1):96-99

[33] 董豆豆,周经纶,冯静,等.基于概率风险的系统安全性分析[J].国防科技大学学报,2005,27(1):98-101.

[34] 周自全,张子彦. 飞行品质和飞行安全[J]. 飞行力学, 2009, 27(2):1-6.

[35] Arne E. The Art of Measuring Nothing: The Paradox of Measuring Safety in a Changing Civil Aviation Industry Using Traditional Safety Metrics[J]. Safety Science, 2010,48(10):1520-1529.

[36] Fleming C H, Spencer M, Nancy L, et al. Safety Assurance in Next-Gen[R]. NASA/CR-2012-217553, 2012.

[37] Fleming C H, Spencer M, Thomas J, et al. Safety Assurance in Next-

Gen and Complex Transportation Systems[J]. Safety Science, 2013, 55 (2):173 - 187.

[38] Battipede M, Gili P, Vazzola M. Development of a Model - based Safety Analysis Technique from the ETF Flight Simulator[R]. AIAA 2008 - 6535, 2008.

[39] Blum D, Thipphavong D, Rentas T, et al. Safety Analysis of the Advanced Aerospace Concept Using Monte Carlo Simulation[R]. AIAA 2010 - 7543, 2010.

[40] Mendonça C B, Silva E T, Curvo M. Model - Based Flight Testing[J]. Journal of Aircraft, 2013, 50(1):176 - 186.

[41] Henry M, Schmitz S, Kelbaugh K, et al. A Monte Carlo Simulation for Evaluating Airborne Collision Risk in Intersecting Runways[R]. AIAA 2013 - 4598, 2013.

[42] Zeppetelli D, Habashi W G. In - Flight Icing Risk Management Through Computational Fluid Dynamics - Icing Analysis[J]. Journal of Aircraft, 2012, 49(2):611 - 621.

[43] Zhang Jiuxing, Xu Haojun, Zhang Dengcheng, et al. Safety Modeling and Simulation of Multi - factor Coupling Heavy - equipment Airdrop[J]. Chinese Journal of Aeronautics, 2014, 27(5):681 - 690.

[44] 薛源, 徐浩军, 胡孟权. 基于极值理论的飞控系统故障后风险定量评估[J]. 系统工程理论与实践, 2013, 33(2):538 - 544.

[45] 徐浩军, 刘东亮, 孟捷, 等. 基于系统仿真的飞行安全评估理论与方法[M]. 北京:国防工业出版社, 2011.

[46] Stuar C. An Introduction to Statistical Modeling of Extreme Value[M]. London: Springer, 2007.

[47] Laurens D H, Ferreira A. Extreme Value Theory [M]. London: Springer, 2006.

[48] Nelsen R B. An Introduction to Copulas. Second Edition[M]. New York: Springer, 2006.

[49] Okhrin O, Okhrin Y, Schmid W. On the Structure and Estimation of Hierarchical Archimedean Copulas[J]. Journal of Econometrics, 2013, 173(2):189 - 204.

[50] Diks C, Panchenko V, Sokolinskiy O, et al. Comparing the Accuracy of Multivariate Density Forecasts in Selected Regions of the Copula Support [J]. Journal of Economic Dynamics & Control, 2014, 48:79 - 94.

[51] Xie Q C. Computation and Application of Copula – based Weighted Average Quantile Regression[J]. Journal of Computational and Applied Mathematics, 2015, 281:182 – 195.

[52] Fu G T, Butler D. Copula – based Frequency Analysis of Overflow and Flooding in Urban Drainag Haroen K, Zohrabyan T, Leatham D, Wu X M. Interdependence of Oil Prices and Stock Market Indices: A Copula Approach[J]. Energy Economics, 2014, 44:331 – 339.

[53] Sukcharoen K, Zohrabyan T, Leatham D, et al. Interdependence of Oil Prices and Stock Market Indices: A Copula Approach [J]. Energy Economics, 2014, 44:331 – 339.

[54] Jäschke S. Estimation of Risk Measures in Energy Portfolios Using Modern Copula Techniques [J]. Computational Statistics and Data Analysis, 2014, 76:359 – 376.

[55] Yasmin S, Eluru N, Abdul R, et al. Examining Driver Injury Severity in two Vehicle Crashes-A Copula Based Approach[J]. Accident Analysis and Prevention, 2014,66:120 – 135.

[56] Corbella S, Derek D S. Simulating a Multivariate Sea Storm Using Archimedean copulas[J]. Coastal Engineering, 2013,76:68 – 78.

[57] Masin M, Lamberti A, Archetti R. Coastal flooding: A Copula Based Approach for Estimating the Joint Probability of Water Levels and Waves [J]. Coastal Engineering, 2015,97:37 – 52.

[58] Bessa R J, Miranda V, Botterud A, et al. Time – adaptive Quantile – copula for Wind Power Probabilistic Forecasting[J]. Renewable Energy, 2012,40(1):29 – 39.

[59] Eryilmaz S. Estimation in Coherent Reliability Systems through Copulas [J]. Reliability Engineering and System Safety, 2011, 96(5):564 – 568.

[60] Berger T. Forecasting Value – at – risk using Time Varying Copulas and EVT return Distributions[J]. International Economics, 2013,133:93 – 106.

[61] Moazami S, Golian S, Kavianpour M R, et al. Uncertainty Analysis of Bias from Satellite Rainfall Estimates Using Copula Method [J]. Atmospheric Research, 2014,137:145 – 166.

[62] Xue Yuan, Xu HaoJun, Wang Xiaolong. Build Probability Distribution Maps of Flight Risk During Wake encountering[J]. Journal of Aircraft, 2015. 52(3):805 – 818.

［63］ 薛源，徐浩军，侯世芳. 基于多元极值 Copula 的尾流飞行风险概率评估 ［J］. 航空学报，2014,35(3):714－726.

［64］ 薛源，徐浩军，裴彬彬. 基于多维极值参数的飞行风险量化评估方法［J］. 系统工程与电子技术，2015,37(1):109－116.

［65］ 肖业伦，金长江. 大气扰动中的飞行原理［M］. 北京:国防工业出版社， 1993.

［66］ Gerz T, Holzäpfel F, Darracq D. Commercial Aircraft Wake Vortices［J］. Progress in Aerospace Sciences，2002,38(3): 181－208.

［67］ Holzäpfel F, Misaka T, Hennemann I. Wake－Vortex Topology, Circulation and Turbulent Exchange Processes［R］. AIAA－2010－7992, 2010.

［68］ Holzäpfel F, Stephan A, Körner S. Wake Vortex Evolution during Approach and Landing With and Without Plate Lines［R］. AIAA－2014－ 0925, 2014.

［69］ Holzäpfel F. Probabilistic Two－Phase Wake Vortex Decay and Transport Model［J］. Journal of Aircraft, 2003,40(2):323－331.

［70］ Holzäpfel F. Probabilistic Two－Phase Aircraft Wake－Vortex Model: Further Development and Assessment［J］. Journal of Aircraft,2006,43 (3):700－708.

［71］ Sarpkaya T, Robins R E, Delisi D P. Wake－Vortex Eddy－Dissipation Model Predictions Compared with Observations［J］. Journal of Aircraft, 2001,38(4):687－692.

［72］ Bruin D A. Analysis of Wake Transport and Decay Data from Near Ground Lidar Measurements［R］. FAR－Wake Report, 2006.

［73］ Meischner P, Baumann R, Höller H, et al. Eddy Dissipation Rates in Thunderstorms Estimated by Doppler Radar in Relation to Aircraft In Situ Measurements［J］. Journal of Atmospheric and Oceanic Technology, 2001,18:1609－1627.

［74］ Sarpkaya T, Robins R E, Delisi D P. Wake－Vortex Eddy－Dissipation Model Predictions Compared with Observations［J］. Journal of Aircraft, 2001, 38(4):687－692.

［75］ Frech M, Holzäpfel F, Tafferner A, et al. High－Resolution Weather Data Base for the Terminal Area of Frankfurt Airport［J］. Journal of Applied Meteorology and Climatology, 2007, 46(11):1913－1932.

［76］ Holzäpfel F. Sensitivity Analysis of the Effects of Aircraft and

Environmental Parameters on Aircraft Wake Vortex Trajectories and Lifetimes[R]. AIAA - 2013 - 0363, 2013.

[77] Brown A P. Wake Vortex Considerations in the Analysis of Recorded Data from the Upset to Flight AC190[R]. LTR - FR - 289, National Research Council Canada, 2008.

[78] Holzäpfel F, Gerz T, Frech M, et al. The Wake Vortex Prediction and Monitoring System WSVBS - Part I: Design[J]. Air Traffic Control Quarterly, 2009, 17(4):301 - 322.

[79] Gerz T, Holzäpfel F, Gerling W, et al. The Wake Vortex Prediction and Monitoring System WSVBS - Part Ⅱ: Performance and ATC Integration at Frankfurt Airport[J]. Air Traffic Control Quarterly, 2009, 17(4): 323 - 346.

[80] Hinton D A, Charnock J K, Bagwell D R. Design of an Aircraft Vortex Spacing System for Airport Capacity Improvement[R]. AIAA - 2000 - 0622, 2000.

[81] Dengler K, Holzäpfel F, Gerz T, et al. Crosswind Thresholds Supporting Wake - Vortex - Free Corridors for Departing Aircraft[J]. Meteorological Applications, 2012,19(3):289 - 301.

[82] Frech M, Holzäpfel F. Skill of an Aircraft Wake - Vortex Model Using Weather Prediction and Observation[J] Journal of Aircraft, 2008, 45(2): 461 - 470.

[83] Houchi K, Stoffelen A, Marseille G J, et al. Comparison of Wind and Wind Shear Climatologies Derived from High - Resolution Radiosondes and the ECMWF model[J]. Journal of Geophysical Research, 2010, 11 (5):234 - 246.

[84] 胡兆丰. 人机系统和飞行品质[M]. 北京：北京航空航天大学出版, 1994.

[85] McRuer D T. Human Dynamics in Man - Machine Systems [J]. Automatica, 1980,16(1):237 - 253.

[86] 屈香菊, 魏宏, 官建成. 驾驶员结构模型中感受机构的数学模型化[J]. 航天医学与医学工程, 2001, 14(2):123 - 12.

[87] Kleiman D L, Baron S, Levinson W H. An Optimal Control Model of Human Response. Part I: Theory and Validation[J]. Automatic, 1970,6 (7):357 - 369.

[88] Kleinman D L, Baron S. A Control Theoretic Model for Piloted Approach to Landing[J]. Automatica, 1973, 9(2):339 - 347.

［89］ 龙升照，姜淇远. 人机系统中人的模糊控制模型[J]. 宇航学报，1982，11 (2):126-133.

［90］ 王涛，方振平，谷雷. 驾驶员模糊控制模型与仿真分析[J]. 飞行力学，2000，18(2):35-38.

［91］ 葛志浩，徐浩军. 基于最优控制的 ANN 驾驶员模型与仿真分析[J]. 信息与控制，2004，33(6):698-671.

［92］ 谭文倩，屈香菊，王维军. 驾驶员神经网络模型与频域拟线性模型的比较研究[J]. 航空学报，2003，24(6):481-485.

［93］ 刘兴堂，赵红言，雷虎民. 飞行员数学模型与新机飞行品质顶测[J]. 飞行力学，1997，15(1),30-34.

［94］ 方振平，屈香菊，崔振新. 驾驶员-飞机系统特性的匹配分析[J]. 飞行力学，1994，12(4):73-78.

［95］ Ronald A H. Theory for Aircraft Handling Qualities Based upon a Structural Pilot Model[J]. Journal of Guidance, Control and Dynamics, 1989,12(6):792-797.

［96］ Ronald A H. A Model - Based Analysis of Handling Qualities and Adverse Aircraft - Pilot Coupling in High Angle of Attack Flight[J]. Transaction on Systems, Man and Cybernetics, 1995,95(1):2663-2669.

［97］ Ronald A H. Model for the Humans Use of Motion Cues in Vehicular Control[J]. Journal of Guidance, control and dynamics, 1990,13(3):476-482.

［98］ 屈香菊，方振平，刘涛. 驾驶员-飞机闭环系统特性综合的一种方法[J]. 北京航空航天大学学报，1995,21(2):16-19.

［99］ 徐仲祥，屈香菊. 关于一种人-机闭环品质评价方法的分析[J]. 北京航空航天大学学报，1999,25(2):198-200.

［100］ 朱策，方振平. 飞机着陆下滑状态人-机系统动态特性分析[J]. 航空学报，2000，21(6):500-503.

［101］ Hosman R. Pilot Model Development for the Manual Balked Landing Maneuvre[R]. AIAA-2005-5884, 2005.

［102］ Phillips J M, Anderson M R. A Variable Strategy Pilot Model[R]. AIAA-2000-3983, 2000.

［103］ Yong L R, Meiry J L. Bang-Bang Aspects of Manual Control in High - order System[J]. IEEE Transactions on Automatic Control, 1965,10 (1):336-341.

［104］ Phillips J M. Variable Strategy Model of the Human Operator[D].

Virginia：Virginia Polytechnic Institute and State University，2000.

[105] 屈香菊，崔海亮. 舰载机进舰任务中的驾驶员变策略控制模型[J]. 北京航空航天大学学报，2003,29(11)：993-997.

[106] Vasiliy K, Elena T. Effect Assessment of Human Element for Operator's Activities Under Extreme Conditions[C]//Lviv - Slavsko, Ukraine,TCSET, 2004

[107] 葛培华. 人-机精神[M]. 北京：中国人民解放军空军飞行安全局，2002.

[108] 高金源，李陆豫，冯亚昌，等. 飞机飞行品质[M]. 北京：国防工业出版社，2003.

[109] Stelios D B, Dimitris A G. Estimation of Value - at - Risk by Extreme Value and Conventional Methods：a Comparative Evaluation of Their Predictive Performance[J]. Journal of International Financial Markets, Institutions & Money, 2005,15(3)：209-228.

[110] 朱国庆，张维，张小薇，等. 极值理论应用研究进展评析[J]. 系统工程学报，2001,16(1)：72-77.

[111] 张卫东，李茂林，张秀梅，等. 极值理论在地震危险性分析中的应用与研究[J]. 东北地震研究，2005,21(1)：24-29.

[112] David P W, Fuzzy Weibull for Risk Snalysis[C]//Proceeding Annual Reliability and Maintainability Symposium,1994,11(2)：456-461.

[113] 赵林，葛耀君，项海帆. 平均风极值分布极大似然求解及其应用[J]. 土木工程学报，2004,37(6),：41-46.

[114] Harris R I. The Accuracy of Design Values Predicted from Extreme Value Analysis [J]. Journal of Wind Engineering and Industrial Aerodynamics, 2001,89(2)：153-164.

[115] Stuart C, Luis R P, Scott S. A Fully Probabilistic Approach to Extreme Tainfall Modeling[J]. Journal of Hydrology, 2003, 273：(1-4)35-50.

[116] 丁裕国. 探讨灾害规律的理论基础——极端气候事件概率[J].气象与减灾研究，2006, 29(1)：43-50.

[117] 吕秀艳，刘德辅，牟善军，等. 极端海况下海洋石油结构的风险评估[J]. 中国安全科学学报，2004,14(12)：95-99.

[118] Praprut S, Andrew P T. The Extreme Value Theory Approach to Safety Estimation[J]. Accident Analysis and Prevention, 2006,38(4)：811-822.

[119] 徐浩军，朱建太. 飞机纵向摆动及飞行安全评估[J]. 航空学报，2003, 24(3)：254-257.

［120］ 徐浩军，吴利荣，朱建太. 某型飞机高原机场放起落架的安全高度［J］.
空军工程大学学报，2002，3(1):14 - 17.

［121］ Parsopoulos K E，Vrahatis M N. Recent Approaches to Global
Optimization Problems through Particle Swarm Optimization ［J］，
Natural Computing，2002，1(1):235 - 306.

［122］ Schwarz C W，Hahn U. Full - flight Simulator Study for Wake Vortex
Hazard area Investigation［J］. Aerospace Science and Technology，2006，
10(2):136 - 143.

［123］ Gerz T，Holzäpfel F，Gerling W，et al. The Wake Vortex Prediction and
Monitoring System WSVBS Part Ⅱ: Performance and ATC integration
at Frankfurt airport［J］. Air Traffic Control Quarterly，2009，17(4):
323 - 346.